小园闲憩
家庭庭院露台设计与建造

［英］A.&G.布里奇沃特（A.&G.Bridgewater）著

徐阳 译

中国水利水电出版社
www.waterpub.com.cn
·北京·

内 容 提 要

露台会帮助我们打破室内空间所带来的局限，远离需要在室内遵循的条条框框，让我们更放松、更爱笑，流露出无拘无束的生活态度。别再躲在室内，是时候在院子中打造自己喜欢的露台了。本书将引导大家按步骤完成露台设计、规划和建筑流程。现在，动手让你的露台美梦成真吧！

北京市版权局著作权合同登记号：图字01-2018-6630号

Original English Language Edition Copyright © AS PER ORIGINAL EDITION
IMM Lifestyle Books. All rights reserved. Translation into SIMPLIFIED
CHINESE LANGUAGE Copyright © 2020 by CHINA WATER & POWER
PRESS, All rights reserved. Published under license.

图书在版编目（ＣＩＰ）数据

小园闲憩：家庭庭院露台设计与建造 ／（英）A.&G.
布里奇沃特著；徐阳译. -- 北京 ：中国水利水电出版
社，2020.10
　（庭要素）
　书名原文：Patios
　ISBN 978-7-5170-8969-8

Ⅰ．①小… Ⅱ．①A… ②徐… Ⅲ．①庭院－园林设计
Ⅳ．①TU986.2

中国版本图书馆CIP数据核字(2020)第202338号

策划编辑：庄晨　责任编辑：王开云　加工编辑：白璐　封面设计：梁燕

书　　　名	庭要素
	小园闲憩——家庭庭院露台设计与建造
	XIAOYUAN XIAN QI——JIATING TINGYUAN LUTAI SHEJI YU JIANZAO
作　　　者	［英］A.&G. 布里奇沃特（A.&G. Bridgewater）著　徐阳 译
出版发行	中国水利水电出版社
	（北京市海淀区玉渊潭南路1号D座 100038）
	网址：www.waterpub.com.cn
	E-mail：mchannel@263.net（万水）
	sales@waterpub.com.cn
	电话：（010）68367658（营销中心）、82562819（万水）
经　　　售	全国各地新华书店和相关出版物销售网点
排　　　版	北京万水电子信息有限公司
印　　　刷	天津联城印刷有限公司
规　　　格	210mm×285mm　16开本　5.25印张　162千字
版　　　次	2020年10月第1版　2020年10月第1次印刷
定　　　价	59.90元

凡购买我社图书，如有缺页、倒页、脱页的，本社发行部负责调换
版权所有·侵权必究

前 言

炎炎夏日，与亲朋好友共享露台休闲时光，没什么比这更美好了。在露台上，你可以安静地阅读，愉快地与人聊天，与孩子嬉戏，烧烤聚餐，欣赏水景，在躺椅上小憩——这些是人人都有权享受的高品质休闲生活，让人身心舒畅。等太阳落山，你可以打开柔光和音乐，邀请朋友来此聚会。不知你是否注意到，家有露台的人能打破室内局限，远离在室内空间需要遵循的条条框框，可以更加放松，他们爱笑，昂首阔步，流露出无拘无束的生活态度。我们似乎会很自然地将美妙的室外空间当作自己的休憩地——也许的确如此呢！

庭院空间的时代已经到来，请别再躲在室内了！是时候在住处中建一处最大最美的空间了——打造属于自己的露台。本书将引导你按步骤完成设计、规划和建筑流程。现在就动手，让你的露台梦成真吧！

作者简介

艾伦和吉尔·布里奇沃特创作了各类主题的园艺和DIY书籍，享誉国际，他们的著作主题横跨园艺设计、池塘和露台、砖石结构、甲板结构及其铺设以及家居木工。两位作者同时也为几种全球发行的杂志撰稿。

重要注意事项

书中多个项目可能存在危险操作步骤，请仔细阅读下列说明，采取安全防范措施。

施工安全

一些步骤本身就很危险，如搬运重物或使用角磨机或混凝土搅拌机。诀窍就是慢慢地一步一步来，尽可能和朋友一起动手。孩子一般对这种动手的活动非常感兴趣，他们会被混凝土搅拌机的轧轧声或湿漉漉的砂浆堆吸引。你可以让孩子观看或帮忙做简单的工作，但请务必在场照看。

用电安全

某些天气条件和电力电缆水火不容，如水、雨水以及草地上的晨露都可能带来危险。在电源和电器之间，请务必使用断路器。

目录

评估庭院

露台的成功建造有赖于平衡自身需求和场地特征。几乎每一座庭院都有足够的空间建造露台，哪怕院子再小，都能在精心的设计规划中开辟一间露天"房间"。首先，花点时间在场地中亲身体验，判断自身对露台功能的需求。接着分析空间布局，思考自己希望怎样使用露台，并作出相应的规划去实现这些目标。

我的庭院够大吗？我该从何处下手？

制订计划

请在充分考察庭院后评估它的面积和特征，判断露台的潜力、确定风格，然后为实现整体规划制订行动计划。

假设庭院处于斜坡上，你想紧挨屋子构建砖砌露台。你是打算运来材料填平斜坡，还是为露台铲平地面？或是打算运走原有的泥土，打造一座平台？你是否需要根据新的水平面高度重新调整栅栏高度？如果新露台位于更高的水平面上，是否会影响你家或邻居家的隐私？你是否需要考虑原有排水系统的位置？是否需要新建排水系统将水引出露台？思考实施规划可能带来的种种影响，并找出解决方案。

庭院面积

请测量庭院的面积和形状、分析自己的需求和预算，然后制订露台建造规划。

你需要决定分配多少空间给露台，若是为了丰富晚年生活而修建，可选择面积较大但无须过多维护的露台，建造可轻松打理的花台。若是家有孩童，则须将重点放在打造安全、封闭的玩耍空间上。如果喜欢在户外用餐，也可设计紧挨房屋的露台。若想营造一处阅读空间，远离房屋的私密场所合适。

小型后院，地面整平后铺设淡色反光地砖。金属容器有助于反射光线，还会闪闪发光，独具魅力。主人须预留一处长条形的空地，作为花境。

庭院风格

正如室内空间一样，露台风格也应满足房主的生活方式和日常需求。不过，选择风格时还须考虑房屋本身的形态和房龄、庭院的面积和形状，以及你自身的倾向性。

若看重隐私，就没必要修筑抬高的甲板区，否则会置身于邻居的视野中。若家有少年，置入烧烤架就非常实用。倘若喜欢在户外入眠，装有柔和灯光、上有遮棚以及木床的露台就会妙趣横生。若是喜欢吊床，可在露台上安装几根立杆。你需要想清楚自己愿意在施工上花费多少时间，还须考虑用材选料（石头、砖块、混凝土还是木头），选择与周围环境相符的风格。

围墙之内的庭院，地面用砖块和卵石塑造出粗犷的半圆。

海滨色彩甲板式露台——花台铺有装饰型蓝绿色碎石，与露台整体风格一致。

选择露台、小径和台阶类型

什么样的庭院最适合我？

修筑露台有许多种途径，也有许多材料可供选择。修筑石头露台，可用天然琢石板、人造石板、花式拼铺石材、碎石块等，可在边缘砌石头，也可混用砖石。此外还可以修筑砖砌露台、木质甲板式露台，或用砾石、树皮或锯木屑铺砌露台地面。除了露台，也许你还需要小径和台阶。无论庭院大小，总有一款设计方案适合你。

露台类型

基础型露台
简洁实用

➔ 基础型露台采用简单的形状，细节较少。可直接用混凝土浇筑，也可直接铺上混凝土铺路板、砾石、砖块甚至树皮。不过，这种露台铺出的形状皆由直线围成，没有高度变化的装饰性边缘。修筑任何一座露台，造价高低及其对专业技能的需求都取决于细节的多少，因此基础型露台属造价低廉、修筑过程也相对容易的种类（详见第26页）。

甲板式露台
木构之美

↗ 从粗锯板材到任意一种经过刨平、塑形、木材防腐剂加压处理的木料，皆可用于铺设甲板式露台（详见第36页）。

装饰型露台
图案与细节

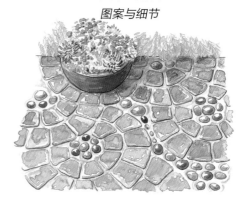

↗ 装饰型露台实用而美观，它与基础型露台不同，设计重点在于对材料的选择与运用。仅用铺路石本身便足以丰富设计图案，与卵石结合更是能够创造较好的视觉感受（详见第38页）。

其他露台类型

自然风格露台　这种露台是模仿自然界建造的。我们心目中的露台是干燥、平坦、脚下舒适的区域，自然风格露台采用砾石或沙子模仿海滩，用松针模仿森林，用板岩模仿山坡，或用长长的禾草类植物模仿草地，你可以借此让自然风格露台个性化（详见第32页）。

回收废弃物，修建混合材料露台　可回收废弃物再利用，如用旧砖瓦、轨枕、锯木屑或树枝建一座露台——任何安全的回收废弃物皆可打造平坦区域。

错层式露台　露台可设在地平面之上或之下。可覆盖弃之不用的旧泳池，安装供暖、泡泡喷泉，栽种别具异域风情的植物，使其变身为惊艳的露台（详见第40页）。

现代化露台　即使用现代化材料建造的露台，从工业材料中汲取灵感打造露台表面，如采用不锈钢、铜板或玻璃砖等。

防滑表面
略显粗糙的甲板表面能够减少地表打滑。若木质露台位于阴凉处，表面可能会长出藻类或苔藓，注意清理，这一点尤为重要。

小径类型

选择小径类型时须考虑造价、适用性及建造难易度。砖块造价不菲却轻盈，人造石板廉价但无比沉重，而为实现特别效果而制造的铺路板（超硬、薄混凝土或黏土砖块）则提供了全新的选择。请思考如何利用不同材料的装饰特色和建材的运送方式。

砖块是传统乡间村舍庭院的完美选择。

现代人造石板实用而美观。

砖块与铺路砖结合，惊艳无比。

花式拼铺造价低廉，由小块石头修筑而成。

不同类型的天然石材，打造一座与众不同的露台。

可直接购买并使用甲板小径拼花套装，让施工更轻松。

台阶类型

砖石混合台阶
田园风庭院的经典选择

← 除了建材便宜、易于掌控，砖石混合台阶还蕴藏着无限的设计可能，因此而大受欢迎。台阶的踢面和侧壁使用砖块，而踏面用石头进行花式拼铺，这是操作便捷的实用台阶方案之一。

木质台阶
造价低廉，修筑轻松

一段宽宽的低台阶，踢面为轨枕，踏面则是碎石。

坡度较缓的甲板台阶，通往甲板式露台——非常适合斜坡。

装扮露台

露台建好后，可考虑增添装饰或家具。露台相当于庭院小屋，你可以添加各种东西使其更舒适、更方便、更美好。

根据当地气候和住处环境，考虑是否需要添置挡风遮蔽物或遮阴的植物伞盖、藤蔓花棚。晚上你会使用露台吗？如果会用到，或许应安装照明或供暖设备。露台需要满足你们家中的哪些需求？可考虑是否需要烧烤架、适合家庭聚餐的大餐桌、宝宝玩耍的小沙滩或狗窝。需要存储空间吗？若想架起吊床，可以在哪里立杆悬挂呢？

你是否想安排栽种植物的花架、花台或小香草园？是否想融入潺潺流水的水景？在庭院空间中体验几周，然后再慎重作出日后难以更改的决定。

上图中花台采用人造石材套装修筑，将人造石板铺就的露台装扮得更加美妙。

传统日式风格——涓涓细流落入石槽——彰显自然风格露台特色。

现场勘查

现场勘查时应关注哪些方面？

动工前，先勘察现场，确保施工过程中不会受某些因素影响。分析时需要面面俱到，从下水道到头顶的缆线，以及每天不同时刻太阳对场地的光照、树阴位置以及电路布线——任何可能造成麻烦的因素都需要事先考虑。列出潜在问题，并为施工扫清障碍。

现场勘查清单

站在场地中环顾四周，观察房屋、树木和太阳的位置，并查看周围住家俯视你家露台的角度。

日照与遮阴 研究露台使用时段中太阳的位置。也许你希望避开阴面，那就需要思考如何应对全日照——也许阳光太强烈，不适合乘凉，因此可考虑安排遮阳装置，如藤蔓花棚或庭院户外家具。

比例、朝向和视角 绕着庭院走一走，从不同角度观察场地。你是否希望从室内欣赏庭院？你想将其打造成开放的公共空间，还是隐蔽的处所？计划将露台建在地平面之上，还是地平面之下？

设置遮蔽物 大部分露台都需要遮蔽物——既可保护隐私，也可为植物生长遮阳挡风。如果你所居住的地区天气多变，则需要设置一片有遮蔽物的区域，以抵挡轻微的雷阵雨。

地上和地下 请避开地下水管或电路布线错综复杂的区域。若上方有树木，是否会滴水？请避开树根，因为它们可能会导致混凝土开裂。

土壤类型和挖土 试着挖孔，检查在此修筑露台是否合适。如果原有庭院自带混凝土地基、老池塘、湿地或沙坑，可能会引发困扰，露台设计也需作出相应调整。以湿黏土为主的场地会为挖掘带来极大困难，因此最好选择无须大量挖掘工作之处。

留存珍贵的表土

如果需要运走许多土壤或铺设混凝土铺路板，记住千万别埋住太多肥沃的表土，植物生长有赖于此。挖掘表土时请将其堆到一边，将贫瘠的下层土铲到指定位置堆起来。最后，将表土移回场地，铺在下层土之上。

地面条件与潜在问题

如果该区域的地面偏潮湿、多沙或多岩，无论在施工中还是完工后，总有某些方面或条件不利。一般情况下，问题都是有望解决的，但有时另择一处才是捷径，或可修筑抬升的露台，避开挖掘工程。

修筑露台前需考虑的问题

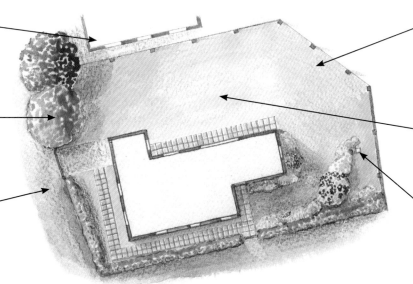

周围居民瞭望
请避开可从周边建筑看得一清二楚的位置，除非你希望展示你的露台生活。

头顶大树伞盖
太多大树也许会引发问题——如雨后滴水或落下黏糊糊的果子。

邻近道路
请避开繁忙路段，在庭院中的另一侧建造露台，躲避噪声和尾气。

毫无遮蔽
视野开阔，可是否过于通透或难以抵挡暴雨呢？

遮阴
许多人喜欢阳光充足的露台，但阴凉处是否足够呢？

化粪池
如果庭院有化粪池，建造露台时请远离该处，避开恶臭、苍蝇或溢出的脏水。

设计方案

一旦决定露台的类型——面积、风格和位置，请画出规划图，用纸笔做设计方案，笔记非常重要。所有信息准备就绪后，就可以开始估算所需建材了。这份书面规格记录在整个施工过程中都会发挥重要作用——联系供应商时它可以大显身手，同时在建筑过程中这也是不可或缺的。

必须画出规划图吗？

搜集灵感

准备一个装有空白方格纸、铅笔、尺子和彩笔的文件夹，列出"心愿清单"，记录自己期待实现怎样的效果。若采用砖石结构，请考虑材料的颜色和纹理。本阶段无须思考得太过具体，只需设想整体的形状、颜色和形态。可制作剪贴簿，汇聚灵感（本阶段请不要限制自己的收藏，什么都可以贴上）。

构想

也许你目标明确，想建一座紧挨房屋而不是远在庭院另一边的露台，不过材料、颜色和纹理是否也很明确了呢？可与亲朋好友聊聊，甚至可以和邻居谈谈。

模拟考察

请按照构想中露台的面积，在地面上覆盖大小相近的材料，如防雨布。从这一规划出发，考察几天，看看你的设计将如何影响庭院的功用。面积是否可以更大一些？结构是否需要重新排列？摆出桌椅试一试，看看感觉如何？

设计相关问题

请仔细分析所选庭院材料，平衡它们的规格以及结构设想。如你要建造一座矩形砖石露台，设计规划的起点就是决定想要怎样的表面纹理，以及露台长宽需要多少砖块。设计阶段多花点时间思考，总比日后出现问题要好得多。

绘制设计图

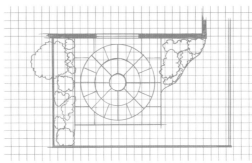

↗ 用绘图纸画图，可保证作图精准，有助于判断露台与房屋和庭院的相对位置关系。

测量庭院尺寸，并按比例在绘图纸上作出规划图，将每一格视为测量单位。在平面图上画出露台，作图时远离房屋和边界栅栏等几处固定点。若用人工材料（砖块、铺路砖或砌块）修建，可画出不同角度的透视图。请尽可能使用完整单位测量结构尺寸，最大限度地减少对材料的复杂切割。

检查清单

- 你的设计是否适合庭院的大小和特点？
- 你是否已测量出具体尺寸？
- 你的设计是否与测量单位相对应？
- 你选择的材料是否物美价廉？
- 从结构层面来看，设计规划是否可靠？
- 你是否了解建造流程？
- 规划中的露台会影响原有结构的整体性吗？

植物栽种相关问题

若是希望打造爬满葡萄藤的藤蔓花棚、花台或大大小小的地面栽种小片区，就不应在露台建好后再拆除部分结构动工修建——种植区必须在设计规划阶段就预留出来。

规划种植区域并在纸上标记位置。为露台场地做标记时，请预留种植区域并围起来。在施工过程中，须确保这片区域不会混入沙砾和混凝土。

地基

如将使用砖块、石头或砌块，请先在结构下部打下坚实的地基，确保上层结构能够抵御冬夏季节的地面运动，坚固不动。

砖块结构设计

有效的砖块结构设计可尽量减少切割需求，同时，不同砖层垂直方向的接缝要错开。大部分情况下，现成的混凝土铺路板或砖块等人造材料均可与整砖尺寸兼容。

重要原则

在设计露台时，是否存在金科玉律？

决定空间形状、指引空间中特征和面积的规则，皆源自经验，是从那些激动人心、平衡而美妙的设计中提炼得出，因此我们最好遵循。请阅读如下原则，思考该如何运用于自己的露台规划或其他庭院结构中。

房屋与庭院

规划设计阶段，你可能倾向于设计对称结构，如以房屋为中心的露台，四周台阶围绕。但是一定要考虑这种设计对露台使用可能存在哪些影响。

请先分析房屋、庭院和露台之间的关系，再决定怎样将这些元素融合在一起，接着再考虑风格问题。千万别不顾一切地让形式决定功能。

位置、朝向、日照、阴影和风

最重要的三条主导原则：位置，位置，位置。形状、颜色、纹理和设计都可以改变，但倘若选址不合适，一切都会受影响。

请走进庭院，用心分析。摆出桌椅，还可以铺上一两块旧地毯，在未来两三天中体验场地状况。光照是否充足？通风情况怎样？是否有风穿过房屋和墙壁、灌入露台？日影斑驳的阴凉处是否足够大？如果喜欢日光浴，你是否可以在保证隐私的情况下舒适地享受？

面积和重要尺寸

露台整体面积以及其中组成部分的尺寸，需先分开考虑，再整体考虑。也许你认为将露台设为7.3m长、1.8m宽非常合适，但这是否可与建材的单位相配呢？最佳方案是让露台尺寸适应所选材料的单位。如果建材选用轨枕，调整露台面积可比锯切枕木要轻松得多。

房屋门廊

排水斜坡

雨后走上露台，若是发现满地积水、到处是小水坑，这绝对会令人沮丧不已。露台上需要轻微的斜坡，便于排水。

美学

"美学"一词从概念上被定义为"仅从纯粹的美出发，不考虑其他任何问题；体现艺术感或高品位。"然而，确切定义何谓高品位并非易事，我们大部分人都不自觉地偏爱某些形态和形状。如建露台时，无拘无束的曲线通常比分明的棱角更受喜爱。至于某种露台是否时髦，完全取决于当下的潮流。若是不够自信，请翻阅图书、杂志，或询问朋友，然后汇集所有信息后做决定。

实用性与可行性

也许你希望将庭院一半空间都设为露台，并让顶部有部分遮蔽的藤蔓花棚横跨露台，但要在实用性和可行性之间找到平衡。从实用角度来看，似乎一切皆可实现——高度正合适，不会遮挡室内欣赏的视线，也不会干扰邻居，但这可行吗？建造藤蔓花棚是否需要获得许可？有遮蔽物的藤蔓花棚是否会影响房屋排水？立柱是否需要地基？造价是否可以接受？

分析各种选项，列出心愿清单，评估造价，然后再做决定。

合理布局

露台面积较大，是否会影响庭院使用？如果露台有特别的形状和大小，是否会限制进门或妨碍修剪草坪？是否会遮挡庭院中心爱的小径，或影响小径的走向吗？

曲线、圆形和直线

美丽自如的曲线赏心悦目，魅力十足，但直线比曲线更容易修建。让自己的喜好和场地条件达到平衡就是成功的秘诀。

塑造圆形的方法多种多样：可购买圆形铺路砖套装；也可粗略地画出圆形，再填满砾石、树皮或混凝土。仅以砖块为建材塑造圆形露台并非易事，需要多处切割；不过，用砖块砌边相对容易。

若想用轨枕修建抬高的露台，最好避免圆形或曲线，尽可能大规模地使用粗犷的直线。

正如其名，直线重在"直"——没有蜿蜒曲折或突兀的偏离；同理，圆形和曲线的弯曲也应恰到好处。设计巧妙、弧度较大的曲线，就比小巧紧凑的曲线简单一些。从使用角度来看，沿弧度较大的曲线使用割草机，比弧度较小的曲线要容易得多，以位于圆上的曲线铺筑小径难度最小。

规划与准备

我需要哪些工具和建材？需要多长时间？

现在我们要列出清单，估算建材数量，规划施工日程，判断重活是否需要请人帮忙，询问建材价格和配送时间。如在规划阶段就安排好这些细节问题，那么计划就能够有条不紊地实现！

厘清工序

每项任务皆需视具体情况做规划，这取决于动工季节、庭院大小以及施工助手等情况。首要任务是确定工序以及各种材料何时该存放于何地。

假设你想用石头铺路砖建一座露台，基本步骤为：挖出一片区域打地基，铺下砾石压平，撒上粗沙，用碾路机或平板夯机压实，最后铺上铺路砖。

你需要事先决定挖掘出的泥土该运到哪儿，砾石和沙子该堆在哪儿，在庭院中堆得到处都是绝对不可行。无论何时你的庭院都应畅通无阻，存放时还应避免损坏材料，且不能对孩子构成危险。细致规划每一阶段，分析每步中需要注意的问题，这样就能避免开工后的麻烦。

铺路砖露台工序
在沙子之上铺设石头铺路砖

第6步 润饰
用草皮或草籽修复草坪。

第5步 接缝处
将沙子扫进接缝处，填充石砖空隙。用干沙重复几次这项工作，直至接缝处填满。

第4步 框架
从外围边缘开始，整平并轻轻踏实铺路砖。如有需要，在下方加入更多沙子，确保每层铺路板平整。

第3步 粗沙
在压实的地基上铺至少5cm厚的沙子，润湿，然后压实。

第2步 园艺防草布
在压实的地基和沙子之间铺设防草布，用于防止野草生长。

第1步 地基
挖出符合当地规定深度的地基，填入砾石、碎石或泥土压实。

装饰型小路修筑工序
混凝土铺路板和绳状瓦片边缘

第3步 混凝土
将混凝土浇筑到符合当地规定要求的深度，将表面压平。

第2步 砾石
铺层砾石或碎石，夯实。

第1步 地基
清理场地，判断分层，挖掘并夯实地基。

第6步 润饰
用勾缝刀将略干的砂浆刷入衔接处。

第5步 边缘
在边缘将绳状砖块嵌入砂浆，将豆粒砾石倒入绳状砖块和泥土之间的间隙。

第4步 铺路板
在一层砂浆上铺设铺路板。

时间精力是否足够？
平衡空余时间和你的体力。你若是身体健康，且有大把时间，可将工程分摊到几周之中，而不是几天之内。但倘若时间紧迫，就需要加快进程。如果你已经有了很棒的工具、一辆或几辆手推车和许多水桶，再来一台混凝土搅拌机就能大大节省时间。

工具和建材

尽管不同工程所用材料各不相同，但还是有两条指导性原则：为工程选择合适的工具，会让你事半功倍；批发建材会是性价比最高的选择。也许你更倾向于用小园艺铲搬运沙子，不想购置新的大铁铲，但这样会导致工作时间翻倍，并让你腰酸背痛。也许你会禁不住诱惑，想直接购买袋装沙子，别这样——这可不便宜！

询价

你可以向当地建材公司询价，先准确列出自己想要的东西——产品名称、规格、颜色和数量，然后多处询价，寻找最合适的价位。请勿购买未能亲眼看到的产品：拿到报价后，可先去供应商那里查看产品。商定价格和配送日期后，最好选择货到付款。

节假日

规划工期时，还需要考虑到节假日。要确认节假日期间供应商是否送货，物流是否受到影响。要记得提前订货。

时间安排

如果你时间不够，或请朋友帮忙（或雇人施工），都必须规划好时间。列出工序和时间安排，尽可能按计划完成进度。为突发事件预留一些时间，以防天气变化或出现其他状况。

运输问题

尽可能提前预订建材，运送可能会出现延迟。若是批发材料，事先考虑运送卡车是否可进入施工现场？是否允许在门口卸货？是否会构成危险？如果用吊车从卡车上卸载大袋沙子或货盘中的砖块，有无便于从栅栏递进院子的便捷位置？

计算建材数量

计算要用多少块砖并不难，但计算需要多少沙子、水泥和砾石就没那么容易了。批发沙子更便宜，如有多余，还可用在庭院中的其他地方。水泥昂贵又不易存放，最好按需订购。

→ 算出数量，在此基础上加一点留出余地。请提前询价，至少货比三家。

砖块形状和大小决定小径每平方米需要多少块。

使用可与地面接触、经过加压处理的木材。

按照当地规定要求的深度铺设碎石或砾石。

在混凝土供应商的协助下，算出所需混凝土体积。

此处按2.5cm深铺砌，除非当地规定另有要求。

使用园艺防草布，防止杂草生长。

预估建材数量

所需建材数量取决于工程本身以及当地规定，要算出规格、单件数量（如多少块砖）或重量，然后多方询价，找出最优价位。

砾石 从采石场购买是最划算的选择。如有皮卡车或能够向朋友借到，你可以直接每次购买一卡车。在采石场售卖的砾石是称重出售的，通常会先称空车重量，待装满后再称一次，最后计算二者之差。

沙子 和砾石一样，沙子也是称重出售。如果有卡车，最划算的选择也许依然是从当地采石场购买。如果没有卡车，砾石和沙子均可论袋购买，不过如果进行大工程，购买数量较多时可能价格比较昂贵，不太划算。

混凝土 许多公司都按体积计算混凝土价格，通常以立方米为单位。与当地供应商合作，算出需要多少混凝土。你也可以在施工现场用搅拌机混合水泥、沙子和砾石，亲自制作混凝土，但仅当熟谙该流程或有擅长该方面的朋友协助才可亲自动手。

砖块和混凝土砌块 砖块和混凝土砌块通常按货盘计算价格，可购买一整货盘，余下部分日后用于其他工程。

是否需要帮忙？

建造露台很有趣，如果朋友或亲戚想帮忙，何不答应？你的帮手会很快乐，也能分摊你的工作负荷。挖掘地基孔、搬砖都是苦差事，你的身体撑得住吗？你是否可以坚持长达一周的弯腰、托举、挖掘以及日常的水桶加铁铲艰辛劳作呢？如果不确定，请咨询医师。最省力的两种工具是手推车和电动混凝土搅拌机，它们真是无比宝贵的帮手。

保护周边地带

如果你需要在草坪上挪动泥土并推动手推车，可用塑料布或大块胶合板保护草坪。若需使用混凝土搅拌机，请远离草坪和花圃。水泥腐蚀性很强，它会损伤皮肤、杀死植物，使用时请格外小心。在草坪上做重复性工作时，如从混凝土搅拌机走向施工现场或使用手推车时请尽可能改变路线，避免集中压实某片地面。

工具和建材

从哪儿买工具和建材？

工具和建材主要有四种来源：可在DIY工具店采购工具，建材商供应砖块、铺路砖和瓦片，体积大且质量沉的沙子和砾石通常可由当地供应商配送，在园艺中心能买到花盆、照明设备和水景。若想节省预算，可批发材料，选择合时宜的恰当工具节省时间，在财力允许范围之内采购最优质的工具节省体力。

常用建筑工具和机械

测量与标记工具

木桩和绳子　小卷尺
大卷尺
木工水平尺

搬运工具

手套　手推车　水桶

挖掘、压实、耙地工具

圆头铲　方头铲
叉状钉耙　大碎石锤
齿状钉耙　小泥铲

砖石、混凝土以及水泥工具

小碎石锤　砖瓦泥刀
石工锤　研磨机
砖石凿　勾缝刀
冷凿

其他各式工具

通用锯
横割锯
线锯　羊角锤　橡皮锤
木头和金属用电钻
有线电钻　充电式电钻　圬工钻（用于砖石和混凝土）
刀　扁钻（用于在木头上钻大洞）
剪刀　钳子　金属剪
螺丝刀　扳手　漆刷

机械和电动工具使用安全

请务必遵循厂家说明，疲惫或身体不适时避免使用电动工具。如天气潮湿或草坪上仍有露水，使用电动工具时请务必配合使用断路器。此外，让孩子远离锤子等工具，避免危险。

租借工具

如需为某结构底部打混凝土地基，可租一台平板夯来堆砌塑形，以节约时间和体力（这种机器还可用于压实铺路材料）。手动混合砂浆和混凝土非常辛苦，不过混凝土搅拌机能让这个过程更轻松。

通用建材

砖石

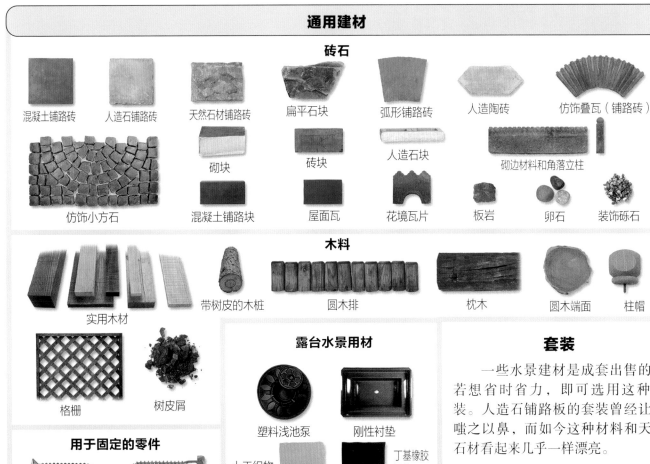

混凝土铺路砖　人造石铺路砖　天然石材铺路砖　扁平石块　弧形铺路砖　人造陶砖　仿饰叠瓦（铺路砖）

砌块　砖块　人造石块　砌边材料和角落立柱

仿饰小方石　混凝土铺路块　屋面瓦　花境瓦片　板岩　卵石　装饰砾石

木料

带树皮的木桩　圆木排　枕木　圆木端面　柱帽

实用木材

格栅　树皮屑

露台水景用材

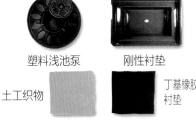

塑料浅池泵　刚性衬垫

土工织物　丁基橡胶衬垫

软管　铠装软管

软塑料管　软铜管

用于固定的零件

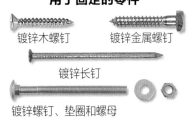

镀锌木螺钉　镀锌金属螺钉

镀锌长钉

镀锌螺钉、垫圈和螺母

套装

一些水景建材是成套出售的，若想省时省力，即可选用这种套装。人造石铺路板的套装曾经让人嗤之以鼻，而如今这种材料和天然石材看起来几乎一样漂亮。

再生材料

无论是质量还是质地，专业回收的砖块和木材等再生建材都表现出众，但它们的价格非常昂贵。如有能力，可自己回收材料再利用，节约成本。

混凝土和砂浆配方

有多少建筑工人，就有多少"最佳"配方。若想配出成功的混合材料，记住加水要少量多次，确保使用新拌的水泥和石灰，别在砂浆中掺入太多水泥，只使用清洁、筛净的沙子。

水泥　细沙　粗沙　砾石　石砟　石灰

混凝土
地基（有时也作水池基底）

通用混凝土砌块和砖块墙面　　○ + ○○ + ○○○
　　　　　　　水泥　　粗沙　　砾石

同上（但本配方使用的是石砟，即沙子与砾石的混合物）　　○ + ○○○○
　　　　　　　水泥　　　石砟

小径和轻负荷地基　　○ + ○○○
　　　　　　　水泥　　石砟

砂浆
以砖块、混凝土砌块和石头为建材

砖块和混凝土砌　　○ + ○○
　　　　　　水泥　　细沙

用于石头结构的特制光滑细腻砂浆　　○ + ○ + ○○○
　　　　　　水泥　石灰　　细沙

用于宽砖或石头结构的特制粗糙质感砂浆　　○ + ○ + ○○
　　　　　水泥　石灰　粗沙

注意事项

水泥、石灰粉、潮湿混凝土以及砂浆都具有腐蚀性！

搅拌时须戴上护目镜、面具和手套，如果炎热或有微风，搅拌完后须清洁面部。施工中，用到混凝土和砂浆时请戴手套。

让场地整装待发

这个任务我能否坚持下去？

若想判断自己能否完成露台建筑工程，只有一种判断方法——卷起袖子动手。测量、挖掘、搅拌混凝土、计算砖块数量、锯木以及钉木板等都是其中的典型工作，也是许多人都可以做到的。如果你不太确定该如何操作，供应商一定会乐意给你提供一些建议。精心准备，让场地整装待发，这就是最好的开始。

需考虑的因素

- 你的场地是否存在干燥、多沙、坚硬、多岩或湿软的问题？试挖一个洞来判断。

- 如果地面多沙，请重新选址，或挖更深的地基、铺设更厚的砾石和混凝土层。

- 如果地面多岩，也许无须（或无法）打地基。

- 如果地面潮湿多水，请重新选址或在地基下铺设管道排水。

- 如是挖掘时意外发现管道或电缆（可能是供电、供水、供气、下水道、石油输送管道或排水沟），请暂停工程，查明后再继续动工。

截面图

截面是工程项目的垂直切面，自上而下切到地基部分。画出截面图有助于想象不同部分拼合在一起的效果。

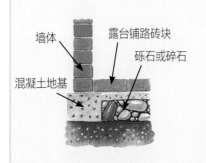

墙体
露台铺路砖块
砾石或碎石
混凝土地基

1. 测量尺寸 先测出不同材料（砖块、砂浆层及地基）的厚度，这样才能知道地基孔要挖多深。

2. 按比例画截面图 按比例作图有助于清楚地认识不同层面及工序。

标记形状

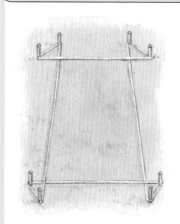

矩形

← 在一角用锤子打入一根木桩，将绳子拴在木桩上，然后拉直形成一条边。在某个直角处转弯，拉出另一条边，如此继续直到四条边都用木桩和绳子标出。若想保证精确度，可测量从一角向另一角的对角线，不停微调，直到两条对角线长度接近——若对边等长，此时四角皆为直角。

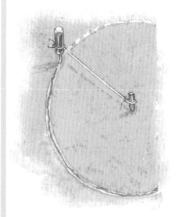

圆形

← 假设你希望标记出直径为5.5m的圆，将木桩钉入设定的圆心处。先截3.2m长的绳子，两端各在一根木桩上系圆环，使得绳子拉直后中间为2.7m长。然后持较远处一端的木桩圆环，走出一个圆圈。对圆的周长感到满意后，找一个长颈瓶灌满沙，系在另一个圆环上，让沙子留出标记圆形外缘，画出圆圈。

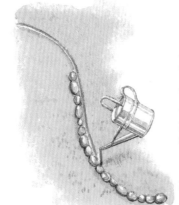

曲线

← 一堆石头外加一个盛满洁净干沙的水壶，这就是标记自由曲线的法宝。切记，弧度较大的舒缓曲线比弧度较小的紧凑曲线看起来更舒服，在地面上摆出你心目中的理想曲线，后退几步观察是否合适，再从不同角度观察，审视片刻。

摆出理想的曲线后（这可能需要花点时间），再用大量沙迹标示线条，移除石头。

移除草皮

用卷尺测量，以木桩和绳子在地面标记区域。用铲子将该区划为与铲子等宽的小方格，再以较低的角度持铲，滑到草皮之下切割，取出一块小方格，接着以同样的方式处理整片区域。

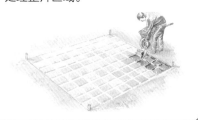

平地

若想打造一片平地区域，那么先从最低处开始钉木桩。系一根绳子拉至最高点，钉上另一根木桩。在两根木桩之上架一截木头，用水平仪检测。从较高的木桩那侧开始沿线挖土，直到第二根木桩更低、线与地面齐平。

应对斜坡

如果地面呈斜坡，有三种应对方案。可运来材料堆在斜坡上，使其成为平坦高地；还可将斜坡上高处的泥土移向低处，打造平坦的露台；也可不考虑挖土、运土的问题，建一座抬高的甲板式露台，悬于斜坡面之上。

具体解决方案主要取决于坡度，但在微微倾斜的庭院中，最廉价的选择是用砖砌挡土墙围出露台边缘，然后在此区域中从高处向低处移动泥土，直到形成平面。

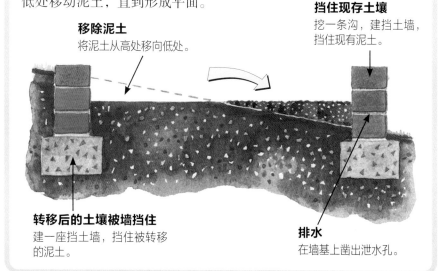

移除泥土
将泥土从高处移向低处。

挡住现存土壤
挖一条沟，建挡土墙，挡住现有泥土。

转移后的土壤被墙挡住
建一座挡土墙，挡住被转移的泥土。

排水
在墙基上凿出泄水孔。

处理泥土

挖孔就会产生多余的泥土。表土无比珍贵，弃置实在可惜，留起来一定能在庭院中某处派上用场。下层土较为贫瘠，可堆在装饰坡、岩石或花台底部，也可用于在池塘边缘填沼泽地。仔细规划整个处理方案，尽可能只搬运一次，让泥土直接从挖孔处抵达终点站。

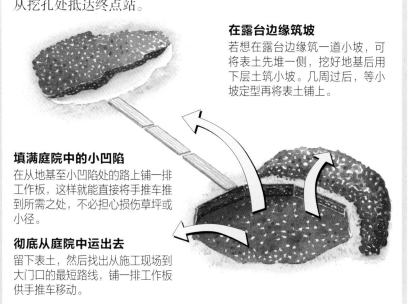

在露台边缘筑坡
若想在露台边缘筑一道小坡，可将表土先堆一侧，挖好地基后用下层土筑小坡。几周过后，等小坡定型再将表土铺上。

填满庭院中的小凹陷
在从地基至小凹陷处的路上铺一排工作板，这样就能直接将手推车推到所需之处，不必担心损伤草坪或小径。

彻底从庭院中运出去
留下表土，然后找出从施工现场到大门口的最短路线，铺一排工作板供手推车移动。

反铲挖土机

租一台小型反铲挖土机可以让挖掘工作更加便捷。它会让这项任务更快地完成，但需考虑门是否足够大？挖土机是否会压坏草坪、擦伤路面？操作时能否保证不会对花境、树木或其他景观造成损伤？倘若露台很小，请朋友帮忙一起手动挖掘更容易。如果手动挖掘的确不现实，可租用反铲挖土机，然后自己开工，或在租挖土机的同时请一位司机。

模板

地基孔的两侧需要固定住。如果地面坚硬，便无须费心；若地面较软，你则需要使用木质模板夹住。

模板是一种框架（像浅盒的侧面一样），用可接触地面的木材制成。挖出地基孔，然后沿边缘钉木桩，让所有木桩处于同一水平面上。用螺丝或钉子将模板固定上去，边缘朝上（木桩在盒子外缘）。

地基

什么是地基?

地基是地表之下承受地表建筑重量的构造，可将其视为救生筏，将土壤视为水——土壤是会移动膨胀的。故可认为地基让建筑结构浮起来，阻止它陷入土壤。打地基的基本原则是，承重越重，地基越大。

为何需要地基?

土壤始终在移动。潮湿或上冻时，它会膨胀、滑动、起伏；干燥时，它会收缩、沉陷、波动。地基可分摊上层建筑的负荷，让墙体或露台不受移动影响。

土壤越软、上层结构越沉重，地基就应越大。小庭院中不超过71cm高的单砖厚度小型墙体，需要10cm厚、宽为墙体两倍的混凝土铺路板地基；厚度为两块砖的墙体则需15cm厚、宽为墙体三倍的混凝土铺路板。

何时无须地基?

如果你的场地主要是未经开发（即未被动过）的岩石或白垩为底，墙体和露台等小庭院建筑就无须地基铺路层。不过，如果你的场地主要是坚硬的岩石、微微倾斜，可用楔形混凝土，利用筏形基础整平土地，也可修筑浮在斜坡之上的抬高甲板（在注满混凝土的孔中插满立柱）。

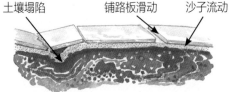

有地基

砾石或碎石　混凝土　铺路板

➔ 将露台重量以及承载的负荷分散在更广的区域（墙体需要更深、更广的地基）。

无地基

土壤塌陷　铺路板滑动　沙子流动

➔ 下层土在露台重量的压迫之下摇摇晃晃，导致开裂、塌陷或渐渐分离。

土壤类型与排水

庭院土壤通常有这几种类型：沙土、黏土、重壤土或混合型。各种土壤都存在问题——沙土排水良好但会流动，黏土保水却总是移动等。大部分情况下都需要打地基，也需要考虑排水系统。在所需深度打地基，如果底部土壤过软，可运走并换上一层砾石压实，最后铺上混凝土铺路板。

不确定该怎么做

如果挖了几个孔之后，你不太确定情况到底怎样——也许下层土看似有点潮湿，像黏土，洞里还有水，如此最好铺设较厚的地基层。挖出深度符合当地规定的地基孔，随后铺设砾石压实再铺一层混凝土。若不确定，可咨询当地建筑商。

便捷实用型地基

如果测试孔表明下层土坚实、多岩石、排水良好，即可直接在露台专用地基材料之上覆盖压实的沙子，作为部分上层建筑（如砖砌露台和小径）的基底。挖出深度符合当地规定的地基，覆盖园艺防草布，防止杂草生长，然后盖上沙子，最后铺砌砖块。

因地制宜

选择地基层与当地实行的规定有很大关系。切记，制定规则是为了确保安全，且能够反映关于高质量建筑施工的最新研究结果。当地状况，乃至建露台那一小块土地所具备的独特之处，在工程类型的选择中都起决定性作用，请咨询当地建筑管理部门。

安全起见，请务必检查要挖掘的土地之下是否有电缆线、电话线或水管。标出缆线所在位置，施工注意时避开。别忘了，有些电话线埋得并不深。电话线的电压并不危险，但如果把电话线挖断了，也会带来不少麻烦。

实用地基

基础型露台和小径地基
于坚实地面之上铺设砖块、铺路砖或小块铺路板

❧ 如果你挖出的地基孔底部干燥，侧面松散，即为坚实、排水良好的场地。若是未经开垦的场地，铺上砾石或碎石压实，无须混凝土即可铺设基层。

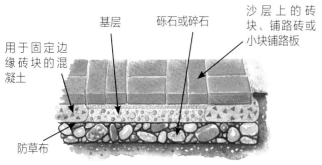

基层 / 砾石或碎石 / 沙层上的砖块、铺路砖或小块铺路板 / 用于固定边缘砖块的混凝土 / 防草布

加固地基
地况不明的露台或小径

❧ 如果地面看起来软而多水，保险起见，你要做好最坏的打算，挖出较深的地基，用砾石和水管做好排水系统。在此之上，铺设一层中间夹着钢丝网的混凝土铺路层。

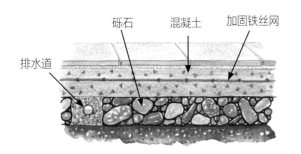

砾石 / 混凝土 / 加固铁丝网 / 排水道

带挡土墙的露台或小径地基
于抬高的地面之上铺设砖块、铺路石或小型铺路板

❧ 如果地面已经抬高（如用多出的泥土筑成斜坡），挡土墙需砌成两块砖厚，墙体的地基也应下沉到抬高的地面之下。

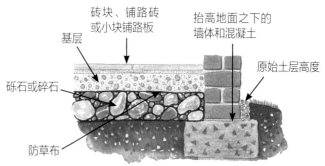

基层 / 砖块、铺路砖或小块铺路板 / 抬高地面之下的墙体和混凝土 / 原始土层高度 / 砾石或碎石 / 防草布

台阶较少的简易式地基
于坚实地面之上

❧ 若地面坚实稳固，搭建三四级砖石或铺路板的台阶，只需在砾石上铺一层混凝土即可完成简易地基。

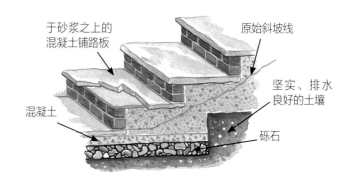

于砂浆之上的混凝土铺路板 / 原始斜坡线 / 坚实、排水良好的土壤 / 混凝土 / 砾石

我的露台需要怎样的地基？

露台类型	所需地基类型
砖块于坚实地面之上	挖出深度符合当地要求的地基，填满砾石压实，再铺一层2.5cm厚的沙子。铺上砖块，将沙倒入接缝处，用平板夯为露台打造平整坚实的表面
铺路砖于原有混凝土地基之上	在混凝土层外缘施工，在坚硬的混凝土混合物上平铺一圈铺路砖。用粗沙覆盖混凝土层，直至铺路砖底部。然后铺上表层铺路砖，将沙子撒入接缝处，用平板夯压平
天然树皮于潮湿地面之上	挖出15cm深的地基，撒一层10cm厚的砾石或卵石。在砾石上铺一层防草布。在防草布上覆盖一层5cm的碎树皮，用滚筒压出平整表面
抬高的甲板式露台于坚实地面之上	标记场地及经加压处理的木质立柱所在位置，让托梁跨度最大化。按当地规定的深度挖出地基孔，在底部铺上砾石，撑起立柱使其垂直，将混凝土注入立柱周围
豆粒砾石于坚实、不均匀地表之上	用模板框出场地：经加压处理过的木板，与垂直木桩固定在一起。在整个场地铺上砾石，捶打成压实的表面。再用淘洗过的豆粒砾石填满模板

扫清场地障碍

如果你已像前文所述那样，对工程进行了周密的规划与设计，那么现在出现的问题应该只是小问题——之前忽略的小细节。这些紧急状况很容易解决，只需从整体出发，以全局性眼光分析，接着做出一些小小的改变。不过，部分场地和情形也许存在更多潜在问题，下面为几个常见问题的解决方案。

空间较小

倘若用于建造露台的空间较小，如仅2.7m左右宽、四面有高墙，最好别在这个小庭院中再塞一个小庭院，可将整个庭院打造成一座露台。

向上延伸空间

如不能向四周扩展空间，何不向上拓展空间？在墙上悬挂或栽种植物，模糊这片空间中的界线，营造立体空间感。

较暗的空间

适当的隐蔽照明设备可让狭小黑暗的空间成为神秘之地，较暗的空间也存在丰富的潜力。可试着将其变为秘密之所、洞室或隐居之处。

此海滨庭院通过向上拓展空间，巧妙地将两个功能互补的露台结合在庭院之中，没有浪费任何空间。高层露台是日光浴天堂，也可以尽情观景；低处露台则可以躲避阳光，纳凉庇荫。

多风、无遮蔽的场所

露台位置也许的确风景迷人，但是多风又成了一个大问题。有四种选择：另择一地；种植生长迅速的风障绿篱；搭建四周有坡的下沉式露台，让风从头顶呼啸而过；而最佳选择（倘若资金充足）即在迎风面修筑颇具特色的墙体。

斜坡场地

如果场地有舒缓的斜坡，你可以建起挡土墙，用砾石填平场地。如果斜坡角度很大，最激动人心的选择即修筑抬高的甲板式露台，让斜坡像滨海码头那样伸展开来。

几乎完美，却有美中不足

这种问题只能交由时间来解决，如果你明知存在问题，却又无法立即动手解决，最佳方案即暂时将就，时间会为你带来解决问题的机会。

新拌混凝土剩余

如果你订购了太多新拌的混凝土，可迅速为新工程（如小径或棚屋）挖出地基，然后铺混凝土层，也可赠送给邻居。最差的办法是将其塑成一小堆便于运送的小泥团，丢进垃圾堆。

艺术家的隐居之所，附带一座富于戏剧性效果的抬高甲板式露台，俯瞰港口胜景。抬高的甲板可轻易解决如图这种陡坡带来的建筑问题。

露台选址问题诊断

挖洞并不总是如你想象中那么直截了当。一铲子挖下去不知道下面有什么，这种不确定性激动人心。露台建筑问题中，最常见的皆与挖地基相关。刚刚还在挖洞，下一秒你可能就会遇到突如其来的问题。无须头晕目眩、惊恐万分，退后几步，分析问题所在，列出可供选择的解决方案并开展相应措施。如果的确出现了令人不知所措的状况，看似难以克服，那么可以寻求专业人士帮助。

如有可能，先查看场地平面图，标出排水管道、水泵、水井、输油管以及电缆的位置，省去后续麻烦，最后确定场地。

问题	解决方案
在挖掘过程中，砍到了某种硬硬的东西，洞里充满黑色、恶臭的水	如果水是黑色的，你很可能挖破了园林排水管。等水停止冒出，用水桶舀出里面的水。如果看见了被损坏的陶制排水管，用一片镀锡铁皮盖住小洞，再用混凝土覆盖起来
在挖掘过程中，在地表之下发现巨大的树根	注意避免损害树根，用一小圈砖墙把它圈起来（留出较大的缓冲距离），将中心区域填满泥土，再覆盖砾石。墙体和砾石将成为迷人的特色，很像雕塑
在挖掘过程中，在地表之下发现混凝土地基	可利用原有地基，省时省力。如果这层地基饱经风霜，甚至可能是文物，请先联系当地历史研究机构再考虑继续施工
在挖掘过程中，挖破了主水管——新鲜水流喷涌而出	须关闭主水管。走到路边，在你家大门附近仍是自家地产的地方，找到隐蔽的主供水阀。打开盖子，关掉水阀。在寒冷地区，主供水阀可能在你家地下室。如遇紧急状况，请立即拨打当地供水公司的电话
在挖掘过程中，发现了一条架着铺路板的沟	可能挖到了某个庭院的化粪池或污水池的老渗水坑，如果房屋较老，也可能来自厨房水池的排污管，甚至可能来自当地温泉。别动它，绕开或在其上方施工
在挖掘过程中，发现了一个满是建筑碎石的坑	如果碎石被压实了，可盖满土，然后在上面打地基。如果坑上有生锈或起皱的铁皮，这个坑就是雨水渗水坑。可将起皱的铁皮换新，用混凝土铺路板覆盖，然后继续施工
在挖掘过程中，发现了一口砖井，覆有石板，其下有水	太棒了！意外收获！搬走石板，在原有基础上铺设新砖块，将井的四壁露出来，出现在露台地表之上。露台完工后，用盖子和弯曲的手柄装点这口井，使其成为特色景观
在挖掘过程中，发现了古陶器、古钱币和人类头骨	激动人心了！你找到的是什么？是谁？立即停工，先向警方汇报，再向当地考古协会报告。别急于挖掘，也别擦亮钱币或触摸头盖骨，一切等专家鉴定后再继续
在挖掘过程中，发现了一块大石头，像一只巨大的南瓜	去除泥土，直到大石头侧面完全露出来，然后用铁棒和楔形物体慢慢挖出来。露台完成后，将石头放回院子，作为露台一景，在日式庭院中就能派上用场
在挖掘过程中，细沙从四壁灌进洞中	漏沙表明下层土不稳定，可能不太合适挖地基孔。最好在建混凝土筏形基础上，并依照当地规定的厚度铺设含钢筋的混凝土层

露台的形状与风格

露台有多种风格可供选择吗？

很久以前，露台最多只是在铺着八块混凝土铺路板的地面上摆两把沙滩椅，单调无趣，如今它却有了很大发展。现在，你可将露台打造成任意形状、风格和大小。我们对露台的需求远非一块干燥、平坦的区域，而是一年中许多个月皆可处于其中的一处空间，供我们尽情休闲娱乐，或烧烤，或与亲朋好友共度美妙时光，享受庭院景致。

露台形状

按照你自己的需求规划露台的形状，你打算用它做什么？是否想让它的形状与庭院相呼应？是否想让它反映房屋的特点？你是否对某些材料有着特殊的偏好？你打算投资多少钱？这些问题的答案都将从很大程度上决定还要打造的露台的形状和特征。

基本矩形

↗ 紧邻房屋（且与其成直角）的质朴矩形露台，与草坪平齐，是小庭院的理想选择。

矩形组合

↗ 两个矩形相连构成L形露台，与草地平齐，旨在与周围原有特色相呼应。

圆形（以及六边形或八边形）

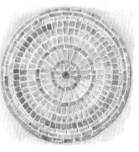

↗ 圆形、六边形和八边形是具有视觉冲击力的形状，迷人而富于装饰性，适合在大片草坪、乔木、灌木和花境中修建岛式露台。

几何形状组合

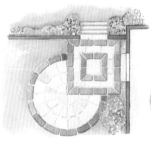

↗ 几何形状组合不仅动感十足，还能够打造多个小露台"房间"，如在圆形中切入矩形，或多个圆形相连。

有机形态

↗ 在大型野生庭院中使用流动的不规则形状非常完美，让自然景观区域看似一片林间空地。

复杂组合

↗ 如需打造一系列高度不同的小区域以适应陡坡场地，复杂组合就是很棒的选择。

错层和形状

将形状连接起来能让你打造错层式区域。如可设一处与矩形相接的圆形，矩形作为露台的"主屋"，圆形则成为一侧微微抬高的"小房间"。这是两处空间相连的错层式设计，一处空间设有一小段台阶，整体好似秘密巢穴（详见第40页）。

露台风格

露台和城堡、别墅、平房和村舍一样，可采用反映地区或历史风格的样式。如果你喜欢法国、地中海地区或瑞士，热爱英格兰海滨风格，或对维多利亚风格或美国西部风格情有独钟，何不参考这些风格设计自家露台呢？

↗ 地中海风格的甲板式露台门廊，花台由漂白木板制成，带有棱角，栽种体现了极简主义。植物周围的天蓝色砾石既是实用的护根物，也能够让人回忆起蓝天大海闪亮的色彩。

↖ 露台为传统的英式田园风，当代家具则体现出现代风。为应对斜坡，此处露台可稍稍抬高。

露台的风格与元素

风格	典型材料/元素
传统英式田园风格 　　一种20世纪30年代曾流行于英国和美国的风格	大量使用红砖瓦表面、立柱、藤蔓花棚、石球顶饰和规则鱼池，对砖砌技能有较高要求，中心台阶通往一片草坪，有菜园，庭院中种植大量玫瑰
美国西部风格 　　西部片中的典型景致	大量铺设木板：紧挨房屋的木板露台，上有门廊，周围环绕的栏杆采用了做旧的木板。木台阶、水桶、装饰型镶边、尖木桩栅栏，大量使用白漆，花境较为简单
日式庭院风格 　　宁静、有序的景致，灵感源于自然和茶艺	一片石板区，木质小径穿过小溪。大景观石、各类石头、卵石、平沙或砾石，蕨类、苔藓、石钵和水槽、柳树、竹子和盆景植物
英式海滨风格 　　这种惬意的设计框架源自20世纪50年代海滨度假文化	一片抬高的甲板区域，设有狭窄的木码头或栈道，一片卵石和沙滩。帆布躺椅、带条纹的帆布篷躺椅，挂在立柱之间的彩色小灯、两端为铸铁的长凳，种有禾草科植物，还有浮木和玻璃浮标
地中海旅馆风格 　　白墙，鲜艳的花朵，洒满阳光的度假胜地之景	平坦区域。路面铺设石板材料，周围混凝土砌墙刷成白色。抬高的泳池、咖啡座桌椅、漂白木板长凳，简洁素净的线条，现代式照明，还有砾石、彩砖、种有耐旱植物的花台
老式西班牙庭院风格 　　漂亮精致的北非风情：神秘而震撼	深锁高墙的私家庭院，中心有较低的规则式水池。大量使用对称图形，表面铺设带有几何图案、圆形、三角形和之字形的陶瓷马赛克装饰，摩尔式拱门亦为其一大特色

简易式露台

是否有可能一个周末就建起露台？

这取决于你的技能、动机强烈程度、有多少朋友可以来帮忙，不过，如果你能花上一周左右的时间制订计划、准备场地，当然有可能在一个周末建成。任务艰巨，意味着周五一回家就需要动工，整个周六、周日都在干活，但周一你就能躺在露台上啦！

简易砾石露台

如果庭院场地几近平坦，砾石露台就是轻松地选择。

先移除草皮，挖掘约10cm深的地基。将表土堆在旁边，用铲子和齿状钉耙塑成低矮的长土堆。在挖掘区域边缘围上木板，使土堆与中间挖掘区域相隔约3cm。

在凹陷部分填充压实的砾石，直至距离木板顶部不到3cm处，顶上再铺淘洗过的豆粒砾石，然后在土堆上种草皮。最后用野餐桌、长凳、沙滩椅和烧烤架装饰露台，并在边缘处摆上各种盆栽。

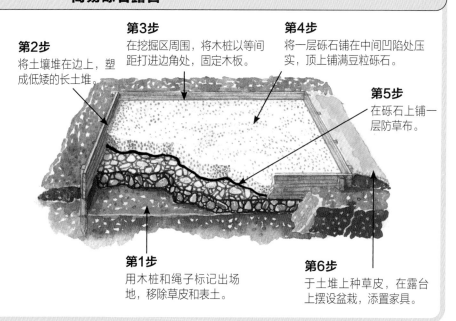

第2步
将土壤堆在边上，塑成低矮的长土堆。

第3步
在挖掘区周围，将木桩以等间距打进边角处，固定木板。

第4步
将一层砾石铺在中间凹陷处压实，顶上铺满豆粒砾石。

第5步
在砾石上铺一层防草布。

第1步
用木桩和绳子标记出场地，移除草皮和表土。

第6步
于土堆上种草皮，在露台上摆设盆栽，添置家具。

简易甲板式露台

先确定露台的面积，再将其划分为1m²的网格，就像棋盘那样。清理草皮，准备场地。

在角落和网格交点挖洞，将洞里一半空间填上岩石碎块，用防草布盖上。按照当地规定挖出基础，将预制的混凝土墩放在基础之上。

用经处理过的木材建起框架，将框架置于混凝土砌块上，在框架上覆盖钉有防锈螺丝的木质甲板。

第2步
将预制的混凝土墩置于混凝土基础之上。

第3步
用防草布覆盖场地，并在其上铺设3cm厚的松散砾石。

第4步
使用经加压处理、可接触地面的木材或耐腐木材构建框架。

第1步
标记网格，移除草皮，挖出深度符合当地规定的地基孔，先填上砾石，再铺设混凝土。

铺设甲板的另一种方法

也可修筑抬高的甲板式露台，将立柱锯到相同高度，用混凝土浇筑到地基中。

简易铺路板露台地基

有两种迅速铺设露台铺路板的方法：或铺在坚硬的混合混凝土上，或铺在压实的沙子上。二者所需的地基和准备工作相似。

标记场地，移除草皮和表土，挖出深度符合当地规定的地基孔。打入木桩，标记基底的高度，且确保木桩高度一致。在底部铺设压实的砾石或碎石，然后根据选用方法1或方法2决定铺设在混凝土还是沙子之上。

➜ 挖出深度符合当地要求的地基，准备好场地。将压实的砾石作为基底，然后覆盖沙子压实，至木桩高度。

方法1
铺路板于压实的沙子之上

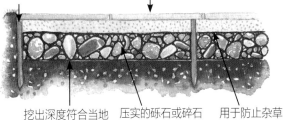

将木桩打入地面，标记基底高度　　铺路板置于压实的沙子和砾石之上

挖出深度符合当地要求的地基　　压实的砾石或碎石　　用于防止杂草生长的防草布

潮湿或黏土地面

如果地面含有黏土或比较潮湿，先挖出深度符合当地规定要求的地基，再用土工格栅或钢筋与混凝土加固。等混凝土凝固后，用新拌砂浆把铺路板砌在混凝土之上。

➜ 按当地规定要求的深度铺上砾石或碎石压实，铺一层与木桩等高的湿润混凝土，然后小心地直接将铺路板置于湿润的混凝土之上。

方法2
铺路板于混凝土之上

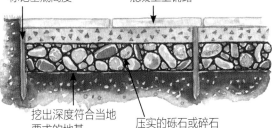

将木桩打入地面，标记基底高度　　直接在湿润的混凝土上铺路

挖出深度符合当地要求的地基　　压实的砾石或碎石

精心设计就是省力

筑造矩形露台比圆形或六边形要容易得多，请精心设计，尽可能让材料清单中单件的总量呈整数，例如砖块、混凝土铺路板、铺路砖、木甲板等。如果场地有斜坡，可设计抬高甲板式露台，避开大规模挖掘工程和混凝土搅拌。尽量使用当地材料建造露台，省力省钱。

仔细规划就是省时

请提前几周预订材料。精心规划项目，尽可能赶在天气好的时候完工。在建筑工程开始前，提前清理准备场地。及时用木板和防水布覆盖施工场地周边，这样就不会对草地造成永久性损伤。开工前要确保各种工具一应俱全，并以整天为单位规划工程进度。

请亲朋帮忙

提前游说亲朋帮忙，便于他们提前安排好自己的时间。如果任务非常沉重，可请建筑公司负责部分工作，如挖地基、压实岩石碎块等。若是请朋友帮忙，确保他们拿到适合各自任务的工具，并督促每位参与者戴上保护手套。

使用机器加快进程

租用机器虽会产生额外费用，但省时省力，变相地为你省钱。电动混凝土搅拌机可以大大提升混凝土搅拌速度。如需大面积压实砾石，使用电动平板夯就可以提高效率。若是修筑木质甲板，一台电动斜切锯、一个或多个无线电动螺丝刀可节省许多气力。

你的简易式露台安全性如何？

露台必须安全，无打滑路面、粗制滥造的台阶或凹凸不平、容易让人摔跤的铺路板。如果你对材料的实用性或设施尺寸不太确定，请寻求专业人士建议，大部分建筑商也很乐意提供建议。

其他简易式露台

细沙 如果你家有幼童，利用细沙铺就露台就很合适——工程轻松，使用安全又有趣。你只需挖出一片浅浅的凹陷处，填满干净的细沙即可。

碎树皮 碎树皮很适合散发着森林气息的自然风格的庭院——踏上去坚实、干燥，建造轻松，经济实惠，儿童使用非常安全，这也是一种环境友好型材料。

甲板 在豆粒砾石上铺设方块甲板，非常适合搭建临时露台。

基础型露台

如何搭建一座矩形基础型露台？

如果你喜欢简单结实、持久耐用的庭院结构，基本矩形露台就很适合你。有三种较为理想的选项：混凝土露台，用预制甲板搭建的甲板式露台（适于小型现代庭院），窑制砖砌露台（非常适合修砌传统露台，适合村舍或联排别墅）。

如何用混凝土铺路板铺一座基础型露台？

图中露台采用了几种不同形状的人造石铺路板，看起来和天然石材很接近。

先选择铺路板，测量尺寸，决定露台面积大小（以整数块铺路板计算）。

用木桩和绳子标记场地区域，移除草皮和表土，挖出符合当地规定的深度。将一定数量的木桩锤下去（间距1m），保持齐平挺立，这就是铺路板底部的高度。

用压实的砾石覆盖场地，再在其上覆盖压实的粗沙。最后，将铺路板移到相应位置，并用沙填满接缝处。

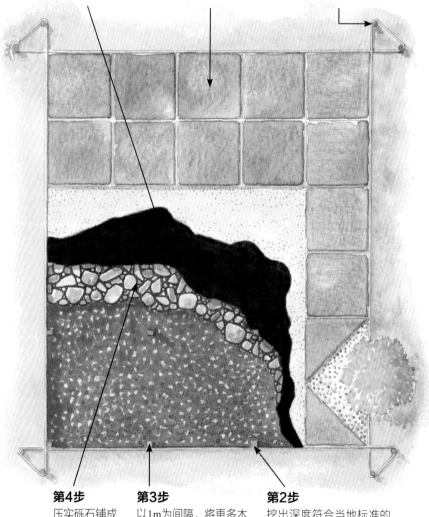

第5步
将防草布铺在压实的砾石上，再覆盖沙子压实，高度与木桩顶部正好齐平。

第6步
铺砌铺路板，将沙子扫入铺路板之间的衔接处。

第1步
用木桩和绳子标记场地，使其面积满足整数块铺路板。规划中，你可能需要绕开障碍物。

第4步
压实砾石铺成基底，用防草布覆盖。

第3步
以1m为间隔，将更多木桩打进地面，高度与之前一批木桩齐平。

第2步
挖出深度符合当地标准的地基孔，将木桩钉入地面，直到顶部达到铺路板底部高度。

怎样建一座基础式甲板式露台？

这座简单的露台使用甲板地砖铺设而成，与一座海滨小屋相连。木板轻微的色泽变化显得自然活泼。

→ 抬高的甲板很适合有斜坡的场地，或需绕过下水管道或旧地基的场地。使用截面为10cm × 10cm的立柱、横梁、托梁以及甲板的尺寸和间距均取决于选用的木料和当地规定要求，请咨询当地建筑管理部门。

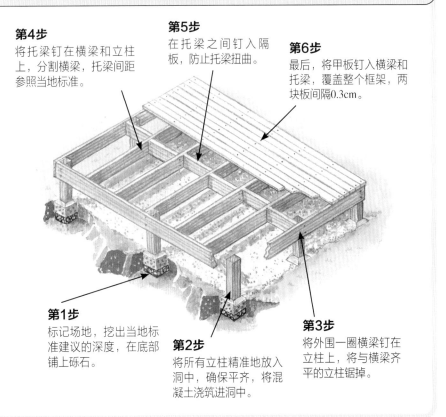

第4步
将托梁钉在横梁和立柱上，分割横梁，托梁间距参照当地标准。

第5步
在托梁之间钉入隔板，防止托梁扭曲。

第6步
最后，将甲板钉入横梁和托梁，覆盖整个框架，两块板间隔0.3cm。

第1步
标记场地，挖出当地标准建议的深度，在底部铺上砾石。

第2步
将所有立柱精准地放入洞中，确保平齐，将混凝土浇筑进洞中。

第3步
将外围一圈横梁钉在立柱上，将与横梁齐平的立柱锯掉。

如何砌一座基础型砖块露台？

这是一座由高温焙烧砖砌成的传统露台，地面的"人"字形设计（砖块与露台侧边垂直）实现了砖块切割量最小化。

←↘ 砖砌露台造价昂贵，但建造轻松，外观迷人，持久耐用。先标记场地，移除草皮和表土。用一堵微型砖墙围出场地，然后在中心区填满砾石压实，再覆盖粗沙和细沙铺平压实。铺上砖块，用沙子填满砖块接缝处，最后用平板夯加固砖块。

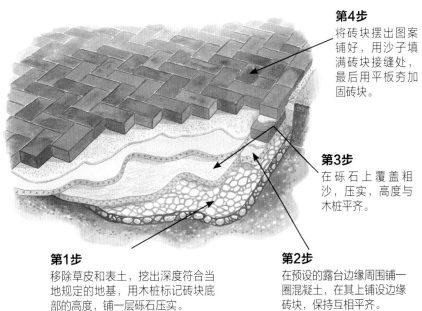

第4步
将砖块摆出图案铺好，用沙子填满砖块接缝处，最后用平板夯加固砖块。

第3步
在砾石上覆盖粗沙，压实，高度与木桩平齐。

第1步
移除草皮和表土，挖出深度符合当地规定的地基，用木桩标记砖块底部的高度，铺一层砾石压实。

第2步
在预设的露台边缘周围铺一圈混凝土，在其上铺设边缘砖块，保持互相平齐。

天然石材露台

建一座天然石材露台难不难?

天然开采的石材比人造石(碎石与混凝土的混合体)更贵,但这种材质的美感是人造石无法匹敌的。用天然石材建露台需下一番苦功,少不了搬运沉重的石板。可一旦建成,天然石材露台就会超越一切流行风尚,经久不衰。无论是在传统还是现代型的庭院中,这种露台都很合适,可轻松融入各种装饰规划。

为了省钱,这座露台用了回收的石头。露台的主人没有用盆栽遮挡住迷人的石材表面,而是采用吊篮来栽种植物。

天然石材小贴士

使用天然石材的秘诀是,尽可能按所得石材原貌使用,尽量减少切割工作。从这点来看选用回收石材非常合适,即曾为他人所用的石材。这种石材厚度各有不同,因此铺砌时需使用大量砂浆。

地基

若想为天然石材提供坚实的基础,先挖出深度符合当地要求的地基。由于各地土壤类型和气候条件不同,具体深度也存在一定变化。每一块铺路板都铺在砂浆(每个角落和中间各一团)之上,接缝处也要用砂浆填塞。

优劣势

天然石材优势

✔ 本身就很美,无须处理或粉刷。

✔ 经久耐用。

✔ 不褪色,随着时间流逝看起来更美。

✔ 用于不规则的花式拼铺非常迷人,若是重视细节,这就是你完美的设计方案。

天然石材劣势

✘ 天然石材非常昂贵。

✘ 运输和搬运费用较高。

✘ 必须在牢固的压实砾石和混凝土地基之上才能铺砌,且需用砂浆勾抹。

✘ 天然石板非常沉重,要求施工者强壮有力,托举时可能需要人帮助。

天然石材露台设计案例

天然石材铺路砖

尽管由天然琢石制成的铺路砖昂贵且难寻供应商,但依然是一个非常让人心动的选择。

回收石材再利用,间隙铺设砾石

回收的石板可组合在一起使用,间隙填上豆粒砾石、种上香草。

花式拼铺

如果你希望降低露台造价,可采用花式拼铺,将石头铺设在一团团砂浆之上。

小方石

小方石的类型和规格多种多样,你在当地也许就能找到回收的小方石。

装饰组合

砖石组合看起来非常棒。若想为庭院建一座造价低廉的露台,这就是完美的选择。

不规则的、顶部磨损的散石拼在一起的效果很好,较宽的间隙中间可以栽种草和野花。

天然石材类型

 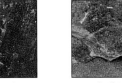 

板岩	**砂岩**	**石灰岩**	**花岗岩**
灰色至棕色，平滑闪亮，可轻易裂成片状。	*金色至绿色，砂质，可切成片状。*	*白色，软质，很适合做墙体和边缘细节。*	*灰色至绿色，闪耀着光点，切割成的小方石非常迷人。*

如果你去建材商店或建材回收机构考察天然石材，他们会为你展示各种不同类型的石材，如"约克石"或"宾夕法尼亚石"。你是否听说过这些石头的名字都无关紧要，关键是要弄清楚它们是板岩、砂岩、石灰岩还是花岗岩。若质地坚硬、色彩迷人且至少有一面平整，即可用于露台。板岩能自然裂成薄片状，颜色也很美，因此非常合适。砂岩也很容易劈开，色彩诱人，质感迷人多砂。小块石灰石用于墙体和台阶特别合适，但若是作为大块铺路板难免显得华而不实。花岗岩的小方石用于露台和小径很完美。

用天然石板铺路

↘ 在露台场地挖出深度符合当地规定的地基，整平。将每块铺路石置于略干的混凝土搅拌物上（以最少水量搅拌的混凝土），保持齐平，用勾缝刀为接缝处填满砂浆。若希望地基更加牢固，请参见第28页"地基"部分。

第1步
用卷尺、木桩和绳子围出场地。挖出泥土，将场地整平。

第2步
放下木板当作模板（界定露台的形状并围住地基）。

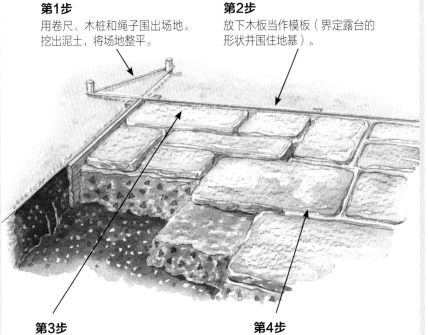

第3步
用一铲子混凝土将铺路板固定住，调整高度，一块一块铺上。

第4步
等铺路板之下的混凝土凝固，用小勾缝刀将接缝处填满略干的砂浆。

花式拼铺露台

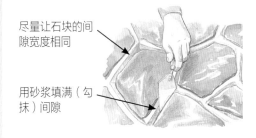

尽量让石块的间隙宽度相同

用砂浆填满（勾抹）间隙

在200mm压实的砾石上覆盖粗沙，打好地基。先在一小块区域试验，探索怎样拼铺石块最合适。虽说可以切割或打碎石头使相互契合，但还是尽可能让切割工作最少化。大石块摆在中间，小块用在外围。将石头铺砌在一层厚厚的略干混凝土上，用砂浆勾抹间隙（如何修筑圆形花式拼铺露台，详见第41页）。

小方石露台

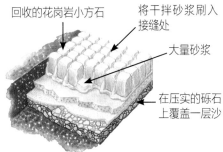

回收的花岗岩小方石

将干拌砂浆刷入接缝处

大量砂浆

在压实的砾石上覆盖一层沙

用砾石填满地基，再覆盖沙子。先在沙上铺一层砂浆，再将一块小方石按进砂浆，如此重复将一块块方格石块铺进去。争取让砂浆低于方格石块顶部3cm左右，最后将干拌砂浆刷入接缝处。

实用小贴士

· 若大量使用砾石，一定要压实。

· 请使用粗沙（或施工用沙），不要用细沙，且一定要压实。

· 若是大片区域，租一台平板夯压实砾石和沙子非常有必要。

· 如果预算不足以购买天然石材，可考虑人造石材。如今某些产品足以骗过眼睛，以假乱真。

人造石露台

人造石材能像天然石材一样好吗？

人造石含混凝土以及聚合的碎石，曾经质感单一，仅有少数灰暗的颜色，难以吸引目光。然而，如今的人造石已经能够以假乱真。石材铺路板尤其不错——每块铺路板的颜色、铸模和纹理都不相同，很有真实感。

优劣势

人造石优势

- ✔ 有不同档次、质感、颜色和尺寸。
- ✔ 比天然石材便宜很多，可极大程度上节约成本。
- ✔ 由于规格、厚度统一，用于建造露台堪称完美。
- ✔ 人造石没有劈理面，因此在极端天气中受损的可能性更小。

人造石劣势

- ✘ 低档产品的颜色会随时间流逝而渐渐褪去，有时不出几年就会褪色。
- ✘ 人造石没有天然石材的微妙质感，侧面和边缘无闪耀光点。
- ✘ 人造石的耐久性不如天然石材，年久之后并不会出现微妙的光泽和质感变化。

地基

正如铺设天然石材一样，铺设人造石也需要坚实的地基（详见第18页）。

图为用人造石板打造的中型露台。请留意微妙的纹理和不规则式设计，由铺路石的几种不同组合模式组成——大正方形、四分之一方形以及矩形。

人造石铺路板于坚实地面之上

↘ 挖出露台地基：移除泥土，挖出深度符合当地规定的地基。平整场地，将每块铺路板置于略干的混凝土搅拌物上（以最少水量搅拌的混凝土），保持铺路板平齐，用勾缝刀把砂浆填满接缝处。若希望地基更加牢固，详见第28页"地基"部分的另一种建筑方法。

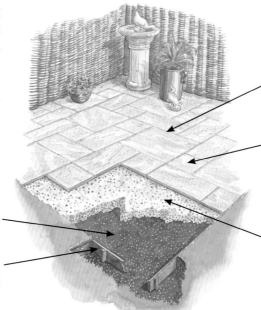

第5步
混凝土成形后，用小勾缝刀把砂浆抹在接缝处。最后，等砂浆部分凝固，用刷子扫净接缝处。

第4步
站在厚木板或工作板上，小心地铺上铺路砖，随时调整铺路板，保持齐平。

第3步
从一侧向另一侧，将略干的混凝土搅拌物铺在整个场地上，用长木板将混凝土压平、夯实。

第1步
用卷尺、木桩和绳子围出场地，挖出深度符合当地规定的地基。

第2步
用木板围住挖掘出的场地，打进木桩，钉好。

人造石露台的选择

颜色和质地

风化石材呈银灰色，湿润时看起来近乎黑色。

老式石头呈浅灰色，有一抹淡淡的绿，潮湿时会变成浓重的青灰色。

风化红色石材是一种浅红色的石头，上面有砖红色小孔，湿润时看起来近乎红色。

风化暗黄石材呈浓重的米黄色，随时间流逝会变成更淡的米黄色。

其他铺路材料

模仿风化老砖块的铺路砖，很适合作为分隔大片平淡的铺砌地面边界线和小细节。

旨在模仿小方石的铺路块。

墙面砌块可用于露台砌边（用于抬高的甲板式露台周围及规则小池塘边缘尤为出彩）。

旨在模仿旧陶瓦的铺路板，可为露台注入些许色彩，用于小细节、边缘和台阶就非常理想。

套装

这是用八边形铺路板套装砌成的，八边形在中间，方形和矩形铺路石组成的规则式大露台为庭院增添了美妙的细节。

此处使用辐射型套装砌成，在方形整体中围出了一个圆形小露台。砾石和植物框出了形状，增添了视觉焦点。

切割铺路砖

首先，在铺路石上切出一条槽。

最好用电动角磨机切割人造石铺路砖，结合砖凿和小碎石锤使用。先用粉笔标记出切割线，带上护目镜、防尘面具和手套。用角磨机在铺路板上切出一条深2～3mm的槽，槽的边角处要切得略深一些。

将铺路板置于草地上，然后用砖凿敲裂铺路石。一手拿砖凿，一手拿小碎石锤，将砖凿放在槽上，用小锤子轻轻敲。如果操作正确，就能听见声音慢慢发生变化，直到铺路板最终裂成两半。慢慢来，别想用一次重击解决问题。

然后用砖凿敲裂铺路石。

实用小贴士

留出充足的时间选择材料、打地基，你就不会对建成的露台失望。

套装花费 套装有各种尺寸、类型、纹理和颜色，请务必从有售后保障的商家购买。对极小的露台来说，套装就是很棒的选择，但对于超过2m宽的场地来说，将会造价不菲。

套装质量 请千万别贪便宜而买"廉价"套装——铺路板可能非常薄，混凝土含量稀薄。用关节轻敲铺路板，检查有无裂缝。结实的铺路板会发出铃声般悦耳的声响。

装扮露台 可考虑采购高质量的普通铺路板，用特别的边缘材料或迷你矮墙来装扮，使它更加独特。

反碱（粉化） 石板上薄薄的白霜（有点像粉状覆盖物）很正常，会慢慢消失的。如果你想去除，可用特殊的清洗剂，然后用石材密封胶保护露台。

自然风格露台

打造自然风格的露台难不难?

自然风格露台看起来非常容易打造,许多人认为这不过是利用自然元素,例如利用植物去模仿自然环境。然而,要想还原出这种简洁的外观并不容易。最好寻一处林间空地或有树林的山谷,然后尽你所能模仿它的环境、形态以及阳光照射下来的方位。接下来,只需任由时间与自然接手,让露台逐步与自然融为一体。

何谓自然风格露台?

自然风格露台是一处栖息之所——有荫蔽却也温暖明媚、舒适、干燥,能让你停下脚步沉醉其中。它能让行人愿意驻足休憩,也可复制你最爱的风景。

在一些人眼中,完美之所是沙滩边覆盖着砾石的区域,有岩石和一片片低矮的植物;还有的人认为,完美的退隐之处是林间空地,地面铺满叶片,躺着倒下的树木,四处都是乔木和灌木,还有一片圆叶风铃草的海洋。在老式草坪上,到处是矢车菊,长长的草叶随着微风摇摆,若有一片修剪过的区域可以隐蔽身形,也独具特色。

→ 这是一片矮灌木丛中的草坪区,力求还原自然林间空地,是完美的隐身之所。这样的露台造价低廉,因此你可以省下经费选购高级的花园座椅。

自然露台设计案例

果树间的空地

↗ 这座完美的自然露台充分利用美丽的果园,果树环绕,满地茂密的绿草。露台区用一层厚厚的砾石铺就,旨在保证良好的排水,砾石上覆有一层木屑或树皮。大桌子(用一块木板打造的)为固定景观,非常适合休闲聚餐。倒下的树会成为孩子们心爱的游乐园。

池塘边,藏身之处

→ 露台和池塘总是能完美地结合起来——如果你喜欢观察池塘的野生动植物,定会乐在其中。这片区域由大石块围成,地面铺设砾石,其上覆有豆粒砾石。砾石能保证该区域干燥、平坦,这样你就能铺开地毯,在此处进行一顿丰盛的野餐,然后舒展身体、放松休息。

隐居森林

→ 鲁滨逊·克鲁索应该会喜欢这座自然风格露台,建于林间空地,绿树环抱。小棚屋与绿叶覆盖的森林地面融为一体,形成绝佳的隐居之所。

在果园中建露台

等到温暖的夏日，搬一把椅子到果园中，坐在你心目中的好位置上。观察太阳怎样在树木和建筑物之间移动，并观察适合与亲朋好友坐在一起休闲聚餐的区域。

立桩定点，标记打算用于排水而整平的区域，切记，人们在户外常常需要更多空间。先移除草皮和表土，铺上一层压实滚平的砾石，再覆盖上防草布，最后在上面撒上碎树皮。若希望看起来更自然，可使用树桩打造桌椅。

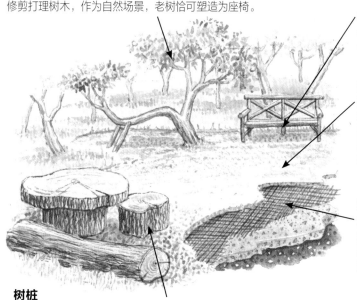

现有果树
修剪打理树木，作为自然场景，老树恰可塑造为座椅。

木质长凳
老式木质长凳实用美观，也可与环境融为一体。

碎树皮
碎树皮是完美的天然地表——踏上去坚实、干燥，孩子在上面玩耍也比较安全，这种材料还可生物降解。

排水，整平
移除草皮和表土，铺有压实滚平的砾石，其上盖有防草布，顶层铺一层厚厚的碎树皮。

树桩
摆放巧妙的树干可成为孩子的座椅，锯开的木桩则可作为家长的休闲式餐桌椅。

海滨主题露台

选择干燥、无遮蔽之地，阳光越充足越好。移除草皮和表土，铺上砾石轧平，使场地平整，随后在砾石上覆盖碎石或卵石。

在财力允许的范围之内采购石头（最好较平整，边缘饱经风霜，看起来被潮水冲击过似的），越多越好。摆放石头，留出较大间隙，然后在空隙中铺满卵石和沙。栽种海边常见花朵，如地中海补血草和海石竹，并用海边找来的浮木、绳子、贝壳乃至旧划艇装点这片区域。

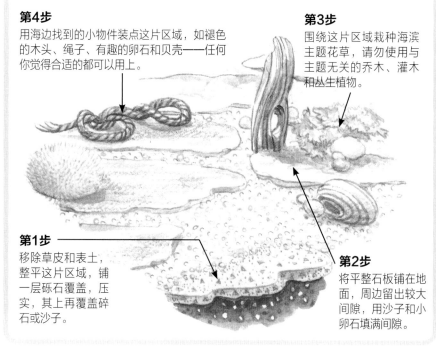

第4步
用海边找到的小物件装点这片区域，如褪色的木头、绳子、有趣的卵石和贝壳——任何你觉得合适的都可以用上。

第3步
围绕这片区域栽种海滨主题花草，请勿使用与主题无关的乔木、灌木和丛生植物。

第1步
移除草皮和表土，整平这片区域，铺一层砾石覆盖，压实，其上再覆盖碎石或沙子。

第2步
将平整石板铺在地面，周边留出较大间隙，用沙子和小卵石填满间隙。

草坪上的林间空地

在原有草坪中选一处平坦区域，修剪出休息区摆放桌椅，让周围的草长高。在所选区域栽种各种各样的草坪花朵，尽可能控制该区域不要长荨麻和树莓。

主题和道具

自然主题的露台需要用合适的道具装点，就像电影场景那样。一堆堆草垛和老农场农具可让草坪更特别，树桩和锯木架能让林间空地看起来更纯正，岩石、页岩和高山植物则更适合山间天地。

砖块或铺路砖露台

建造一座砖砌露台需要很长时间吗？

如果你喜欢几何图案，砖砌露台就是很好的选择。由于砖块相对较小，铺砌的确会比使用铺路板等材料耗费更长时间，但它们拼在一起的模样实在是令人心满意足。

砖块有六面：两端，也称"丁面"；两侧，也称"顺面"；顶面，也称"凹槽面"；此外还有一个底面。砖块铺砌图案被称为砌式。

黏土砖类型

砖块有数百种颜色和纹理，在估算工程所需数量时，要预留1.5cm厚作为抹砂浆的接缝。露台需采用高温烧制的室外用砖或高强度砖，这两种都比普通砖块结实，渗水率较低，抗冻。

需注意的问题

若想尽可能降低铺砌地面的成本，可使用混凝土"砖块"铺路板，而不是黏土砖块。混凝土砖块看起来没有黏土砖块那么美观，但也可以打造露台。如使用黏土砖块，你可以自行选择让凹槽面朝下还是朝上，设计砖块图案和铺设过程中请牢记这一点。

砖块组合

砖块兼容性很强——与其他材料搭配时看起来一样很美观，如陶瓦片、混凝土铺路板、天然石材、卵石和木头。

旧砖块与石板和地砖

一片砖块曲线围成的区域，内部填满淘洗过的豆粒砾石和沙子

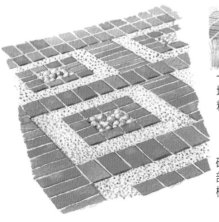

砖块组成的规则图案，内部填满卵石、砾石，种有植物

砖块图案

有许多种铺砌砖块传统图案（最初被称为"地面"图案），有的可追溯到400多年前。经典款如今依然美丽。

平行墙面砌式

直角"人"字砌式

编篮砌式

纵横交错砌式

双层编篮砌式

对角线"人"字砌式

其他砖砌装饰

今后还可逐渐为露台增添其他装饰，是砖砌露台最妙之处。如果露台已经打下良好的混凝土地基，可用其他砖砌结构装饰，如边界处的墙体、立柱、抬高的花境、座椅、烧烤架，甚至可以添上一个抬高的小水池。

砖砌花台，直接建在露台边缘，使主题统一。它既能起到阻挡视线的作用，也非常适合栽种植物。

怎样在松软的地面上建砖砌露台?

如果场地较潮湿、普遍松软不均,最好在混凝土层之上铺设砖块。这是艰巨的工程,也会增加整体花费,但混凝土层能够保证露台经久耐用,搭建其他露台建筑时也无须担心地基问题。

先采购已搅拌好的混凝土(或至少租一台混凝土搅拌机,请参阅第14页),最好召集一些朋友帮你一起完成。

第2步
在整个场地上铺设一层砾石,压实。

第3步
在砾石之上铺一层混凝土,用模板木板将混凝土压平。

第4步
将砖块铺在干燥的粗沙之上,拍平,在接缝中填上干沙。

第1步
移除草皮和表土,挖出深度符合当地规定要求的地基,用模板(用于混凝土定型的厚木板)将场地围起来。

边缘细节(截面图)

边缘砖块铺在砂浆之上,剩余的铺在粗沙之上

混凝土

压实的砾石

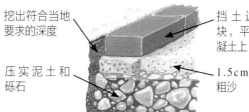

在坚实、干燥的地面上用混凝土铺路砖建造露台

如果地面坚实、干燥,你可以直接将混凝土铺路块铺设在一层沙子上,省力又经济。这种方式有必要修筑边缘,以防铺路砖延伸出去。

移除草皮,挖出深度符合当地规定要求的地基。铲出一排硬混凝土堆在场地周围,将用于边缘的铺路砖放好。用厚木板和水平仪检查边缘是否齐平,边缘以及整片场地都要保证平整。

铺一层表土与砾石的混合物,用平板夯压平。将5cm粗沙铺在砾石上,压成平整表面。接着在场地上铺一层薄薄的散沙,砌块高出边缘约1.5cm,压实。最后,将细沙铺在铺砌好的路面上,用平板夯压实整块场地。

截面

挖出符合当地要求的深度

挡土边缘砌块,平置于混凝土上

压实泥土和砾石

1.5cm压实的粗沙

铺路砖和图案类型

平行墙面砌式(错开接缝)

简单依次排开的砌式

双层编篮砌式

直角"人"字形砌式

对角线"人"字形砌式

平行六边形1对2砌式

边缘

立砖,打造坚实的直立边缘

平置砖块,打造丁砖层边缘

以一定斜度摆放的砖块,形成犬牙边,或称萨塞克斯郡式砌边

外圆角式砖块,直立,形成装饰型边缘

甲板式露台

我可以建一座多层的大型甲板式露台吗？

铺设甲板可有多种用途——可用于打造直白的平底露台，也可建成错层式，像海滨码头或森林瞭望台一样。甲板的优势在于整体建筑工程较为迅速，一片粗糙的地面很快就能变身为一座甲板式露台。如果你想建造对场地没有太大影响、不浮夸的露台，且赶时间，甲板式露台就是不错的选择。

这座完美的露台高悬于地面之上，不仅可适应场地，还充分利用美丽的林间景观，也是良好的观鸟之处。

优劣势

甲板式露台优势

✔ 无须整平场地——如果场地有斜坡，可用几根不同长度的立柱来应对。

✔ 材料比混凝土铺路板露台更容易掌控。

✔ 可建在基础设施之上（输水管、输气管以及电缆线）。

✔ 通常，这种材料不会像砖石或混凝土等那样影响周边环境。

甲板式露台劣势

✘ 精心呵护的木质甲板，最长可以使用25年，而砖砌露台却可供几代人使用。

✘ 甲板式露台需要大量维护工作，例如清洗、保养以及日常维修。

有槽甲板

具有防滑特性的有槽甲板在欧洲大受欢迎，很容易买到。然而，在其他地方可能很少见，只有通过特别定制才能采购。

甲板式露台设计案例

与房屋相连

➚ 这座露台抬高在地面之上，与房屋相接。

与房屋分离开

➚ 这座甲板式露台建在水边，可作观景码头。

错层式

➚ 抬高的甲板一层叠在另一层之上，避开地面上的老地基。

个性化形状

➚ 木板几乎可以铺成任何你想要的形状。

图案

➚ 可将木材排列成不同的图案。

镂空区域

➚ 此处甲板旨在利用这棵造型独特的树木。

独立区域

➚ 此处甲板设计引人注目，以原有的圆形石头露台和大圆磨石为基础设计。

基础甲板式露台的建筑工序

1 准备场地
测量规划图，立柱的位置取决于甲板尺寸、托梁、横梁以及立柱本身，请咨询当地建筑权威人士帮你完善规划。

6 台阶还是栏杆？
如果甲板高于地面19cm，就需要修筑台阶。大部分地区的当地建筑规定会说明何种情况下应修筑护栏（如果甲板高于两级台阶，最好就要安装护栏）。

5 用甲板覆盖
铺设甲板时可纵向排列、交错排列或斜线排列。最简单的办法是将甲板摆成与托梁呈直角的位置，随意选择板长，错开末端接缝处。

取一块甲板，安装上去，一端停在一处托梁上，然后标记并锯好另一端，使之落在最近一条托梁上。继续操作覆盖整个框架。

2 固定立柱
挖出深度符合当地规定的地基孔，倒入一些砾石。将立柱竖直置于洞中，使之与地面垂直。向洞中填入混凝土至地面之上。用勾缝刀将混凝土顶部边缘抹出倾斜角度，形成可排走雨水的斜坡。

3 修建横梁框架
锯好横梁并调整，做出穿过一根根立柱的外缘框架。将横梁安装到相应位置，用木工水平仪检查，做出调整。用直径为1.5cm的不锈钢螺栓、螺母和垫圈，将框架固定在横梁与立柱交点。

4 修建内层框架
根据当地规定要求，将托梁安放在横梁框架之上。托梁之间相距的长度取决于托梁和上方甲板的尺寸，当地规定中一般会明文要求。通常，托梁两端会用"梁托"固定住，即用于加固横梁和托梁连接的金属支架。请咨询当地建筑监管人士，获取相关距离要求和硬件。

甲板图案
一些人喜欢简洁的甲板设计，还有人喜欢复杂一点的设计。一般来说，用甲板做出特定图案会消耗更多木材，也更费时。但下图这种席纹"人"字形设计，可在固定木板端点处用双倍托梁轻松实现有趣的图案。

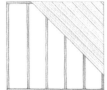

与托梁呈45°排列

四面垂直锯切的"人"字形，双倍托梁

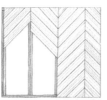

锯切出角度的"之"字形排列，双倍托梁

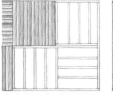

由大单元组成的棋盘式席纹

与房屋平行，与托梁呈直角

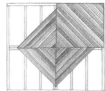

单个大块菱形，双倍托梁

尽管复杂设计需要更多木板，且造价昂贵、耗费时间，但只要使用电动斜切锯就能加快工程进度，并将材料损耗降到最低。

栏杆
如果你的甲板式露台高于地面两级台阶，那么出于安全考虑，你就需要安装栏杆了。栏杆会让甲板的外观发生彻底改变，使其更加引人注目。

由立柱、空心纹饰木板、顶栏杆和尖顶饰组成的护栏。

等露台修好后再添置栏杆是可行的，将所有栏杆都固定在主要横梁圈或底座面上即可，但最好在设计初期就考虑栏杆结构。如，在右图设计中，栏杆立柱完全只是主要支柱结构的延伸，使得结构稳固结实。与露台结构融为一体的栏杆比后来添置的栏杆要更安全。

台阶
如果甲板高于地面7.5mm，就需要修筑台阶（也可添置一个或多个更小的甲板平台）。设计台阶时，请尽可能与栏杆融为一体（详见第60页）。

维护
扫净木屑，确保整个露台的各部分都通风良好，以保证木材干燥（详见第43页）。

装饰型露台

什么是装饰型露台?

将一片混凝土地面当作露台挺好,干燥、踏实,又平整。但若是在混凝土上铺盖卵石,它就会就从纯功能性露台转变成了更具装饰价值的露台。若是形式中的部分仅为赏心悦目而存在,即为装饰型。打造装饰型露台有多种途径,你可以用上各种各样的材料,选择不同图案、植物和装饰物。

需考虑的因素

图案与风格

↗ 请选择与你家设计风格一致的图案和风格建造装饰型露台。也许你会将室内某个房间装饰为主题房,使用特定的颜色、材料或形式的主题房风格,可延伸运用到露台设计上。

可行性

↗ 即使你非常喜欢某种材料,但可能出于造价太高等原因,无法将其应用于整片露台。在这种情况下,可考虑在小范围内使用少量该种材料打造特色区域。

实用性

↗ 露台的重中之重是地面必须舒适安全。例如,大片卵石很美,且经久耐用,但要考虑是否不利于行走;玻璃很迷人,但对孩子来说却是潜在的危险。

装饰型露台设计案例

砖石结合

↗ 这是经典传统的砖石组合,用于小镇或乡间老房子再合适不过了。砖块用于在石板间组成图案,也可省去一些石板,留出小片空间栽种植物。倘若种上观音莲、百里香、洋甘菊等低矮的岩石园植物,效果会非常好。

琢石块与盆栽

↗ 用琢石块砌成的露台,摆上盆栽,很适合小型城市庭院。

混凝土和草

↗ 用草带点缀平淡的混凝土铺路板——物美价廉。

装饰型露台套装

→ 用套装打造的露台,效果会与你在其宣传图上看到的一样,但你可以加入个性化元素,如在混凝土中加入卵石,突显形状,增添趣味(并减少开支)。

用混凝土铺路板铺砌装饰型露台

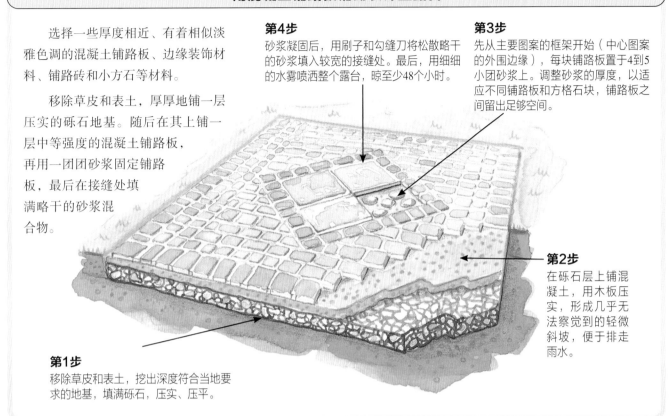

选择一些厚度相近、有着相似淡雅色调的混凝土铺路板、边缘装饰材料、铺路砖和小方石等材料。

移除草皮和表土，厚厚地铺一层压实的砾石地基。随后在其上铺一层中等强度的混凝土铺路板，再用一团团砂浆固定铺路板，最后在接缝处填满略干的砂浆混合物。

第4步
砂浆凝固后，用刷子和勾缝刀将松散略干的砂浆填入较宽的接缝处。最后，用细细的水雾喷洒整个露台，晾至少48个小时。

第3步
先从主要图案的框架开始（中心图案的外围边缘），每块铺路板置于4到5小团砂浆上。调整砂浆的厚度，以适应不同铺路板和方格石块，铺路板之间留出足够空间。

第2步
在砾石层上铺混凝土，用木板压实，形成几乎无法察觉到的轻微斜坡，便于排走雨水。

第1步
移除草皮和表土，挖出深度符合当地要求的地基，填满砾石，压实、压平。

修建板岩马赛克拼铺露台

第3步
将一块块板岩铺在场地上（先不用砂浆），尝试排列出最佳搭配装饰效果。用直尺和三角尺检查直线和角度。接下来，用粉笔标记出摆放板岩的网格。

第4步
先从图案要素开始，将板岩置入砂浆中，用木工水平仪检查每一块板岩是否齐整。

第5步
等砂浆凝固、板岩固定，在接缝处注入防水填缝剂，最后将板岩表面的填缝剂擦去。

先选择不同颜色和纹理的矩形天然板岩。如有可能，请设计无须切割板岩的图案；如果不可避免要进行切割，请尽可能控制以直线进行切割。铺一层砾石地基，再铺一层混凝土。先不用砂浆，在干燥条件下尝试摆放板岩，花点时间排列出最佳效果。最后，在一层砂浆上铺砌板岩。

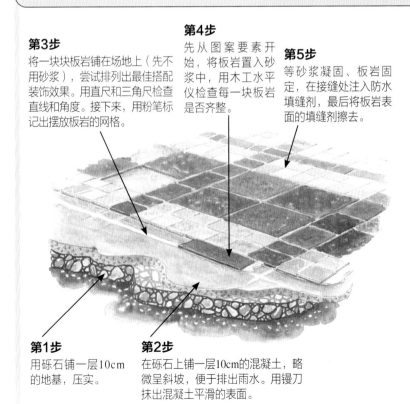

第1步
用砾石铺一层10cm的地基，压实。

第2步
在砾石上铺一层10cm的混凝土，略微呈斜坡，便于排出雨水。用镘刀抹出混凝土平滑的表面。

此处交替排列的拼贴式设计结合了板岩和人造石，内嵌烧烤架。

错层式露台

为什么要将露台建成错层式？

如果你的庭院有斜坡，而且原来就覆盖着一层旧混凝土地基，或因为其他种种问题而导致地面不够平坦，可自行打造平坦区域来提供休闲场地或孩子的游乐场。在斜坡式庭院中构建平坦区域的捷径之一，即修建错层式露台。错层式露台同样也可以为平坦无趣的庭院提供高低错落的空间，让你享受整个庭院的美景。

错层式露台设计案例

↗ 若想打造一座美丽、持久的传统错层式露台，利用天然石修筑的台阶、平台、石板、不规则式石头花台和植物栽种区域是经典组成元素。

→ 若你家是城市庭院还是乡村庭院，砖块看起来都不错。砖块购买方便，也有多种颜色和材质，较轻，易搬运，用作建材比较方便。

↗ 甲板也是建造错层式露台的好材料，无须铺设较大面积的地基或挡土墙；只需建起一系列不同高度的平台或台阶即可。

错层式露台建筑细节

→ 如果你打算建造砖块错层式露台，实际上相当于建筑一块或多块大型平台或台阶。如果地面较软或松散，还需修筑挡土墙挡住泥土，同时支撑水平方向上铺路材料的重量，全部墙体均需建在传统的砾石和混凝土地基上。

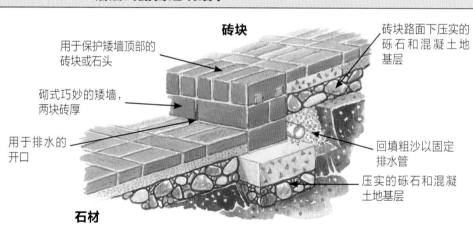

砖块

用于保护矮墙顶部的砖块或石头

砌式巧妙的矮墙，两块砖厚

用于排水的开口

砖块路面下压实的砾石和混凝土地基层

回填粗沙以固定排水管

压实的砾石和混凝土地基层

石材

铺路板之下压实的砾石和混凝土地基

回填松散的砾石，有助于迅速排水

压实碎石块之上的混凝土地基

→ 错层式石头露台的墙体必须建在砾石和混凝土地基之上，高墙需做成扶壁式，进一步提供支撑（底部比顶部更宽，内侧面垂直，外侧面呈一定角度），此处请咨询专业人士。

错层式甲板

若想在不改变场地的前提下筑造错层式露台，或是喜欢做木工、不喜欢与砖石打交道，或单纯希望早早完工，甲板正合适你（详见第36~37页）。

圆形露台

很多人认为圆形是一种有魔力的符号，圆形露台有一种超越时空的气质，别具一格。也许，让圆形如此迷人的是对称性。采用这种设计，你还有机会尝试用不同颜色和材料创造纹理，形成具有震撼效果的装饰图案。如果想建一座引人注目的露台，可以试试下列设计。

为何要选择圆形露台？

圆形露台设计案例

铺路砖组成圆形（露台套装）	装饰型组合	方形或矩形中嵌套圆形	甲板（和多边形）	其他设计
	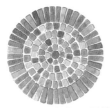	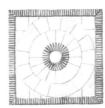		可将磨石置于中心，建一座圆形卵石露台，或一系列高度不同的圆形甲板式露台。完全用旧砖块砌成的露台非常特别（尽管非常艰辛，建造难度也比较大，详见第11页）。
↗ 市面上有许多圆形铺路砖套装——露台速成。	↗ 砖块和小方石是传统组合，但还有很多其他的组合方式。	↗ 方形露台中的圆形石板图案组成令人惊喜的几何组合。	↗ 这种形状算不上圆形，但使用多边形甲板（六边形或八边形）的效果，仅次于圆形。	

圆形露台中的空间安排

在惬意的位置摆一把舒服的椅子，喝一杯咖啡，放松身心。这片场地合适吗？如果合适，请用沙子标记出圆形场地（详见第16页），看看露台与庭院其他构成元素的配合情况。开工前，请务必亲身感受几天。

平衡日照和遮阴

找一片可被阳光照射又有荫蔽的地方，如旁边有棵大树。

斜坡场地

如果场地是陡坡，可考虑建错层式露台——建一系列平台或一片有台阶的抬高甲板式露台。

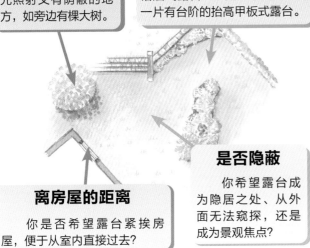

是否隐蔽

你希望露台成为隐居之处、从外面无法窥探，还是成为景观焦点？

离房屋的距离

你是否希望露台紧挨房屋，便于从室内直接过去？

如何建造圆形花式拼铺露台

→ ↘ 划出一片圆形（见第16页），移除草皮和表土，挖出深度符合当地规定的地基。在其中填满砾石并压实作为坚实地基，再铺上沙子。在未铺砂浆前，先尝试摆出脑海中的花纹图案，确认后，再在厚厚的略干的混凝土混合物层面上摆放石头，最后用砂浆勾缝。

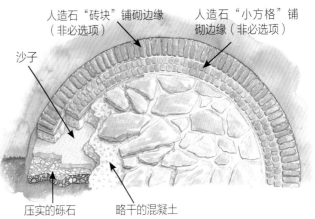

人造石"砖块"铺砌边缘（非必选项）

人造石"小方格"铺砌边缘（非必选项）

沙子

压实的砾石

略干的混凝土

露台边缘

露台为何需要修筑边缘？

露台需要修筑边缘，主要出于三方面原因：结构、装饰和实用。结构层面，边缘可以围住露台；而如果没有边缘，露台可能会伸展扩散开来，或在自身重量下坍毁。装饰层面，边缘很像露台的相框。实用层面，边缘可以阻挡花花草草入侵露台，让你的庭院保持整洁。

露台边缘有哪些类型？

露台边缘多种多样，既可以是一排藏在地表下的砖块，也可以是一堵嵌有花台、柱子、座椅、烧烤架和植物的装饰型墙体。

具体选择哪种类型，取决于露台的面积、场地和材料，同时也取决于你更倾向装饰性还是实用性。

露台围墙

顶部铺设铺路板的矮石墙是美丽的传统的边缘，可坐下休息或摆放盆栽。

若时间和资金充足，可将露台边缘扩展为一堵活力四射的墙体，如将其用作花台。

倘若你的露台离地面有一两级台阶以上的高差，则需添置安全护栏。可建一堵矮墙，既可当作防止摔落的栏杆，又可当作特色装饰。

露台边缘类型

简易边缘

钉在木桩上打入地里的木板

2/3埋在地下的圆角缸砖

预制的圆木排，半埋在地下

首尾相接的砖块，半埋在地下

← 如果地面坚实，露台结构负荷较轻，可沿边缘挖一条浅沟，半埋砖块、木头或瓦片，建一道简易的边缘。

"之"字形砖块边缘

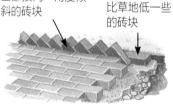

全部按同一角度倾斜的砖块

比草地低一些的砖块

← 一排"之"字形砖块，以一定倾角摆在砂浆中，一侧平铺一排砖块，打造露台与草坪之间的完美边界线。

微型砖墙边缘

→ 如需打造露台和草坪之间的明显分界线，这种边缘就非常完美。微型砖墙建于混凝土地基之上，墙体部分埋于地下。墙体和草坪之间的沟中填满砾石，防止草坪扩散。

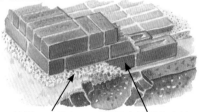

填满砾石的沟

混凝土地基之上的砖墙

护栏和安全问题

如果露台比草地高出几级台阶，可在周围设置装饰型墙面。不过，如果露台高出90mm或以上，出于安全考虑，必须安装护栏，通常建议护栏不低于126cm。如场地无遮蔽，可安装有屏风功能的护栏，以确保孩子的安全或维护自家隐私。

这一道木质护栏也可以作为环绕抬高露台的屏风。

露台维护

如果你自夏天之后就再也没有打理过露台，那就别指望来年春天走进去还能够看到最美的景致。它会淹没在枯枝败叶中，树干上可能已经爬满湿滑的绿苔，一道道裂缝中也许满是虫子。若想保持露台整洁，必须定期维护，使用露台之前以及之后皆须打理。

露台维护要做些什么？有必要吗？

基础型露台维护

混凝土铺路砖和铺路板维护

初春、夏末以及冬天到来之前，在露台表面进行维护工作。同样也要注意露台饰物和摆件的状况，如盆栽容器、墙体、格子棚架、水景、照明和烧烤架。

移除野草和苔藓

别让这些入侵性植物得逞，要趁早将其除去，连根挖出，但记住别用除草剂。

勾缝

清理缝隙间的废弃物，用沙子或细沙与水泥混制的干燥疏松的砂浆填满间隙。

反碱

有以下几种办法可处理反碱导致的白色沉淀物：可以在每次出现时刷掉，也可以采用专用去污剂清除，还可以用醋洗，或者随它去（虽然看起来并不美观，但不会造成损伤）。

清理路面

扫净枯枝败叶，用肥皂水擦洗。用漂白剂或专用清洗剂，再加上软管或高压水枪冲洗，有助于清洗藻类。

替换有裂痕的铺路板

如果铺路板开裂，用锤子重重地敲打，并结合旧凿子减少碎片，从凹陷处清除原有砂浆和碎片。找到合适的替代的铺路板，随后置于沙子或砂浆之上，最后填满接缝处。

维护砖块和混凝土铺路砖

每年初春，砖块和混凝土砌块露台皆须擦洗。用旧刀或凿子刮去接缝处的野草，扫去废弃物。用肥皂水擦洗表面，然后擦干。如果砖块的表面青绿湿滑，在水中加一点漂白剂。如果希望表面有一丝闪亮，可使用专用的上光漆或密封胶刷一层。

维护天然石材

除定期刷洗外，最好任由天然石材的露台随着时间流逝呈现出自然的光泽变化。如果害怕闪耀着自然光泽的表面可能会造成危险（如开裂或打滑），每个季节皆须维护。扫去废弃物，用加入少许漂白剂的水拖一遍地。从接缝处清除陈旧开裂的砂浆，用新配制的砂浆修复（水泥、细沙、石灰石比例为1∶6∶1）。

其他维护小贴士

露台维护最重要的秘诀就是好好清扫。从一定程度上来说，这听起来不是什么好方法，但清扫过程有助于防止更多麻烦的产生，也能让许多问题在暴露初期就能解决。比如，可借机清除大堆叶片，而树叶堆里可能藏有害虫或容易使脚下打滑，也可借此找到蚁穴，发现开裂的铺路板或砂浆裂缝。如果在一次清扫中发现了问题，请在它发展成大麻烦或难以修复之前解决。

维护甲板式露台

如果甲板式露台稳固，养护得当，可使用25年左右。木材最大的威胁是潮湿，倘若通风良好，浸润雨水后可在日光中风干，便无须担心；但若是长期处于潮湿状态，木材就会在昆虫和各种霉菌的侵袭下迅速开裂。最好的防护措施即清扫枯枝败叶，用肥皂和水去除藻类，然后让甲板晾干，这一过程请在春、秋两季进行。

如果现存甲板是劣质的软木材建筑，用庭院油漆保护最佳。（若想建甲板式露台，请使用高质量硬木或经过处理的特质软木）。

让原有露台重焕生机

我该拿糟糕的老旧露台怎么办？

如果你愿意花时间、投资并付出努力，大部分露台都能重焕生机。可以扩充小露台；翻新不堪入目的混凝土露台，将开裂的混凝土砌块换新，加固旧砖块；用特色景观、植物或新家具装点无趣的露台等。

让沉闷的露台大变身

改造前

为什么露台看起来沉闷无趣？

如果露台看起来沉闷无趣，可能是因为疏于打理：旧塑料家具被扔在一边，破花盆丢在墙角，杂草丛生等。露台一旦变成垃圾堆，应该没人会想再坐在一片荒凉的地方，周围堆满杂物，凄凉乏味。不过，多功能的露台绝不会沉闷——舒适干燥的座椅，光彩照人的景致，人们一定愿意在其中享受时光（详见第43页露台维护）。

家具

请选择舒适的露台家具——椅子或长凳，还可选择日光浴躺椅，也可添置一张桌子。倘若你不想一下雨就将家具搬回室内，请选择具有防水功能的家具（详见第66页）。

植物

用照片墙和窗帘装饰能为室内的屋子添彩，庭院空间和露台也可得益于植物装点。一丛丛围绕在水景周围的蕨类，一系列盆景树木，种满优雅禾草科植物的花台，一种或多种特别的植物……有无数种选择。如果你的露台有遮蔽物，还可用作育苗区（详见第70页）。

改造后

地表类型

没什么比光秃秃的灰色混凝土更显得灰暗沉闷了，它虽持久耐用，但也许一两年后你就不想再见到它了。不过，即便到那时，它还是可以当作完美的砖块地基。纯正的毛面砖看起来很棒，用于乡村庭院尤其合适。如果砖块很旧，边角有些磨损，最终成果更是别有一番风味（详见第34页）。

照明

采用柔和的聚光灯照亮特色景观，最容易改善露台面貌（详见第81页）。

水景

坐在露台，欣赏水景，聆听水声，无比惬意。水景无须太大，无须夸张——小小的壁饰喷泉轻轻冒泡，溅入池中，即可成为孩子们理想又安全的游乐之地（详见第78页）。

装饰物和雕塑

雕塑或装饰物可以点亮沉闷的角落，比如一只陶瓷猫咪、鞋擦门挡、小矮人、各种陶瓦片或一些旧工具（详见第74页）。

用藤蔓花棚装饰打造一片私密又阴凉的栖息之所，也能为径直到头的露台扩大进深感。外表硕大而震撼的瓮会为露台增添一丝戏剧感。

扩展露台

扩展已铺砌区域

何不从露台一侧或四面出发扩展开来？不要强求匹配原有材料，因为产品的尺寸和风格每年都在变化，将扩建视为尝试有趣新材料的机会更加现实，可选用新材料砌边，装扮露台。

例如，可用不同颜色的砖块、天然石材或混凝土铺路板围起原有的混凝土铺路面露台。测量原有露台面积，判断零部件、砖块或铺路板的尺寸，然后搜索适合规划的新材料。

其他妙招

← 可逐步在四面添置景观，慢慢扩展原有露台。例如，你可以先扩展一小片在混凝土上铺卵石的区域，接着用圆形铺路板和更多卵石补充，其间栽种植物。

扩展甲板

→ 木质甲板可通过在一侧建造另一处甲板来扩展。若想增添一丝趣味，请别在同一平面添加同样的形状。换一种形状，略微偏斜，高出几个台阶。可在二者之间修筑小平台，作为过渡台阶。

如今露台的位置是否依然合适？

时过境迁——树木长高；邻居可能建起了突出的扩展建筑遮挡了阳光；公路或许也更加嘈杂……这些因素也许都会让原本舒适的露台变得难以忍受。如遇这些情况，请考虑各种可能性。略微移动露台，再次利用部分老地基是否明智？你是否可以整体搬迁露台、再次利用所有材料？如在一侧建起屏风保障隐私或躲过邻居突出建筑的视线，是否会有好转？如修剪树木，可以让更多阳光透进来吗？

倘若现有露台太小或位置不当，又或者刚搬进新家而你不喜欢原有的露台，且上述一切皆不可行，也许可以将露台拆掉，重新建一座。不过，先别急，多采用横向思维，也许就会想出挽救办法。

拆除原有露台前，请考虑它可否用于新目的，如作为孩子的游乐场或新工作室的地基。倘若材料无法整体回收，也可作为可循环材料，在别处发挥余热。

地基二次利用

如果你喜欢原有露台的位置，只是想稍稍扩大面积，何不再次利用老地基呢？仅需在原有混凝土铺路层的一侧继续延伸，修筑露台扩展部分即可。

覆盖露台表面

有时露台位置不错，大小也正合适，只是视觉效果不太美观。这种情况下，只需选用新材料覆盖即可。挪开一切值得留下的景观和材料，再铺上一层混凝土，为更美的露台地表奠基。将边缘抬高一些，接着在整个露台上铺设砖块或甲板（详见第34~37页）。

选择小径和台阶

修建小径看起来挺简单，修筑台阶难吗？

许多新手乐于建造小径和木质台阶，不过如需要修筑传统台阶就会很担心（如一段三级的砖块台阶），这往往是因为他们无法想象或不太理解工程的顺序。台阶是从底部向上拾级而上筑造的，实际上相当于建造一系列小平台，下一层平台即踏面，从相邻的一层抬高偏离。

小径和台阶设计案例

砾石和圆木	石头	砖块	木头	砖瓦

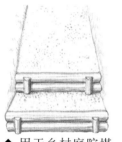    

↑ 用于乡村庭院堪称完美。圆木作为踢面，决定台阶的高度，富有特色，压实的豆粒砾石用于踏面。

↑ 在传统石头台阶中，琢石用于踢面、凸缘以及侧壁，而踏面则采用花式拼铺。

↑ 一段美丽的院落台阶，赤陶砖用于踢面和踏面。这些台阶在有墙壁的城镇小庭院中看起来非常美妙。

↑ 一段完全用回收轨枕建造的台阶——始终是经久耐用、易于建造的选择，适于乡村或城市庭院。

↑ 传统砖瓦台阶，砖块立起摆放，作为踢面，瓦片则用于打造踏面上的特色装饰。

规划庭院的小径和台阶

规则式庭院布局（平面图）

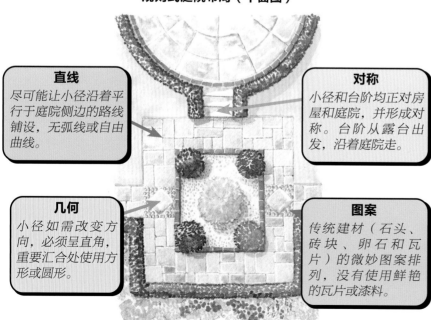

直线
尽可能让小径沿着平行于庭院侧边的路线铺设，无弧线或自由曲线。

对称
小径和台阶均正对房屋和庭院，并形成对称。台阶从露台出发，沿着庭院走。

几何
小径如需改变方向，必须呈直角，重要汇合处使用方形或圆形。

图案
传统建材（石头、砖块、卵石和瓦片）的微妙图案排列，没有使用鲜艳的瓦片或漆料。

不规则式庭院布局（平面图）

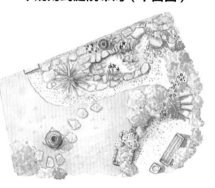

↗ 请尽量营造庭院年代久远之感，规划图不可过于规则，需避开几何或对称设计。总体而言，可根据不停变化的需求发展而设计。引导小径绕着庭院蜿蜒曲折，按人们从一片穿到另一片区域的潜在自然路线设计。

简易小径和台阶

　　你完全有可能用两个周末迅速造出小径和台阶，第一个周末用于规划操作流程，第二个周末则动手建造。任务艰巨：施工的周末需要长时间工作，也少不了他人的帮助，但如果天气还不错，你可以在两周之内就完工。部分项目可能需使用少量混凝土。

可以不大量使用混凝土就迅速修建好吗？

简易小径

砾石

→　砾石小径建起来很快。先移除草皮和表土，将10cm砾石铺上去压实，再铺上一层防草布，其上覆盖10cm砾石。最后，用大石头围出小径边缘。

踏脚石

→　踏脚石非常适合不规则庭院。先挖出草皮，在沙子上放置石头。

→　可用甲板"踏脚石"迅速打造一条蜿蜒曲折的小路——先移除草皮，然后摆出圆形。

木质小径

↘　木质小径很适合乡村庭院，用于搭配甲板也非常美妙。请使用经加压处理过的木材。先将两块平行的木轨直接摆在地上，然后将木板钉于其间。如果场地比较潮湿，可将枕木垫在混凝土铺路砖上。

其他方式

· 可尝试用回收的电线杆、木板和砾石修筑小径（见右图）。

· 使用压碎的树皮，迅速打造可生物降解的小径，用于传统乡间村舍庭院，非常完美。

· 混合碎石和粗沙也可以迅速修筑一条小径。

简易式台阶

立柱和树皮

→　将圆木立柱打入相应位置，确定台阶宽度，较粗的圆木用于确定台阶高度和踏面间距。踏面下有防草布，其上覆盖树皮或砾石。

厚木板台阶

→　踢面为开放式的传统台阶，侧面用木板，厚木板做踏面。可用金属角板固定所有接合处——非常适合门廊台阶或通往甲板的台阶。

甲板台阶

→　宽宽的木板甲板台阶可在原有台阶的基础上建造，覆盖原有台阶——用于改善狭窄台阶非常有效，如果你希望为老人和孩子打造更舒适、安全的宽台阶，这也是个不错的选择。

其他方式

· 可用砂浆砌成的堆叠混凝土铺路砖建造一段台阶。

· 也可用旧的铸铁防火梯或螺旋式楼梯。

· 圆木和厚木板也可以造出很棒的台阶。

· 将一系列略有高差的木质平台并置，也可修筑低矮台阶。

· 堆叠混凝土铺路砖，用砂浆砌起来，其上覆盖人造石板，同样也是坚实的台阶。

基础型小径

怎样才能修筑一条连接房屋与露台的小径？

有的人在别墅中住了很多年，一直期待自己能有一条穿过草坪、蔬菜园或露台的小径，然而由于心生畏惧，他们迟迟不敢动手，认为小径的修筑过程无比复杂。实际上，有许多办法可以打造基础式小径，并且施工过程非常简单。这个过程甚至不包括深入挖掘的体力活——砾石或踏脚石就是两种极其方便的选择。

基础型小径设计案例

砾石小径

用豆粒砾石铺就的传统小径，踩下去咯吱作响，走上去愉悦身心。

混凝土小径

修筑混凝土小径的过程直截了当，且能长久使用。

砖块小径

铺成"人"字形图案的传统红砖小径——用于村舍庭院，非常完美。

踏脚石小径

走在大块风化的天然石材铺路板上穿过草坪，身心舒畅。

砾石小径

砾石小径是最简易的小径之一，砾石踩在脚下的声音令人心旷神怡。移除草皮，挖约15cm深，用木板围出小径边缘，铺一层砾石压实，其上覆盖豆粒砾石。如果场地比较干，可直接移除草皮，铺一层防草布，然后铺上砾石即可。

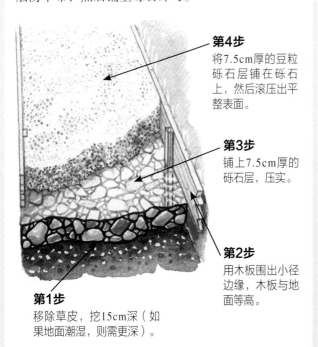

第4步
将7.5cm厚的豆粒砾石层铺在砾石上，然后滚压出平整表面。

第3步
铺上7.5cm厚的砾石层，压实。

第2步
用木板围出小径边缘，木板与地面等高。

第1步
移除草皮，挖15cm深（如果地面潮湿，则需更深）。

混凝土小径

狭窄、笔直的混凝土小径，流露出质朴的美感。先移除草皮，挖约15cm深。用木板围出小径边缘，铺7.5cm压实的砾石，在其上覆盖7.5cm压实的混凝土。

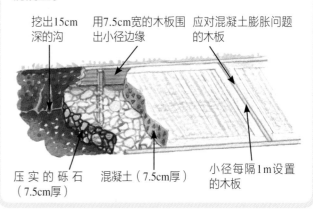

挖出15cm深的沟

用7.5cm宽的木板围出小径边缘

应对混凝土膨胀问题的木板

压实的砾石（7.5cm厚）

混凝土（7.5cm厚）

小径每隔1m设置的木板

其他基础型小径

小径可以尽可能简化——如将踏脚石、碎石、卵石、碎贝壳、碎树皮、混凝土铺路块、圆石头、小石子等用砂浆砌起来。任何一种持久坚固、干燥、踏上去不会打滑的材料，皆可用以修筑小径。如果地面坚实，可直接在上面铺砌，若是潮湿，则须移除草皮和表土，铺一层砾石压实，并用木板或砖块围出边缘，防止小径扩展变形。

自然风格小径

　　自然风格小径是一种较为不规则的小径，旨在重现自然界的模样。从实质上来说，这是一块踏上去干燥舒适、较为平坦的带状地面——可用木头、石头、卵石或沙子复制自然环境，你所筑造的小径可以营造山间徒步、丛林探险、海滨度假或穿越沙漠等不同氛围。

如何筑造一条看起来自然的小径？

踏脚石随意地从一片豆粒砾石中蜿蜒穿过，周边种着喜爱排水良好环境的植物，如岩生植物、禾草科植物以及原产于地中海的植物。

选择主题

　　确定要筑造自然风格小径后，请分析所选小径类型需要具有哪些特征点。如真正的海滨小径是由小石子和沙子构成的，可能还有被水冲击过的大石头，地上零零散散地躺着浮木。这些特征点都需要融入你的设计，这样才能让行人立即进入场景。

考虑实际情况

　　尽量规划适合现有庭院的小径。也许你想修筑一条海滩小径，但庭院环境潮湿，以黏土和茂密的植物为主，伞盖绿树荫浓，与海滨小径似乎有点儿不般配。

维护

　　自然风格小径需要定期维护，清扫落叶、补充小石子或树皮、查看边缘等——它和其他类型小径一样，有赖于保养。

修筑自然风格的林中小径

　　林中小径的特色是踏上去干燥、柔软，在树间、湿地蜿蜒穿梭，偶尔也会经过石头或倒下的树木，小径的宽度可根据地面情况调整。

　　观察庭院，找出可欣赏所有特色景观的最佳路线，如途经池塘或林子。用木桩和绳子标记路线，移除草皮和表土，向下挖15cm深。将7.5cm厚的砾石铺在沟中压实，其上覆盖一层编织防草布。在防草布上铺碎树皮、木屑和腐叶土壤，然后将景观石以及可以当座椅的大圆木或树干放在一侧。在小径两侧栽种蕨类植物、圆叶风铃草、灌木和低矮乔木。

第4步
沿小径栽种蕨类、灌木和低矮乔木，引导野生林间花朵和藤蔓植物生长。

第3步
用防草布覆盖砾石，其上覆盖树皮、木屑和腐叶，再摆上景观石和树干。

第2步
移除草皮和表土，向下挖15cm深，再铺上一层7.5cm厚的砾石压实。

第1步
用木桩和绳子标记出可欣赏庭院特色景观的小径路线，根据环境适时调整宽度。

砖块或铺路砖小径

如何修建传统砖块小径？

修建砖块小径比较耗时，但相对容易。移除场地的草皮和表土后，可以像修筑其他小径一样完成基本结构。之后，我们将要面对铺砖的工程。不过不同担心，砖块容易购买，铺砌过程也比较简单，而且它们拼铺在一起的模样比较特别，完工后，你就有一条可以使用一辈子的小径了。

编篮砌式砖块小径用于花境边缘非常迷人也很实用，乡村庭院尤为合适。

宽宽的砖块小径在房屋和庭院之间隔出一片干燥的区域，也让草坪修整工作变得更加便捷。这种宽度为大花架创造了充足的空间。

斜线"人"字形小径，在砂浆中铺卵石砌边。此处选用了不同颜色的黏土铺路砖，为传统设计增添新意。

黏土砖类型

庭院工程最好使用充分焙烧（高温焙烧）的外用砖块或高强度砖，这两种都比普通砖块坚硬，吸水率低，抗冻。回收砖块可从建筑材料回收公司获取。

请勿使用做旧的新砖——在小径中使用这种砖作装饰表面会褪色，此类砖仅可顺面朝上使用。

新型的高强度砖——适于边缘

陈旧、有磨损的高温焙烧砖

块状铺路砖

铺路砖是非常坚硬的薄黏土或混凝土砖块，专用于小径、露台地表或车道，形状、尺寸和表面丰富多彩。也许，最迷人、最耐用的要数经窑火烧制、尺寸为砖块大小的黏土铺路砖，这种砖色彩富于微妙变化、永不褪色。混凝土铺路砖包括仿方格石块（小小的矩形铺路石块）和仿砖。

窑火烧制的黏土铺路砖

仿造小方石的混凝土铺路砖

砖块小径需考虑的问题

砖块有六面 两端，也称"丁面"；两侧，也称"顺面"；顶面，也称"凹槽面"；此外，还有一个底面。砖块铺砌的图案被称为砌式。要考虑不同风格对成本的影响。

风格 笔直或微微弯曲的砖块小径，凹槽面朝下或立于侧面（顺面）之上。笔直狭窄的小径所需砖块最少，曲径则需让砖块立在顺面上，因此需要更多砖块，造价也更高。

成本 可使用混凝土"砖"块节约成本，但它们的质量不如真正的黏土砖。

需切割的砖块数量 设计时请尽可能使用整砖，减少切割，降低成本、节省气力。

预估砖块数量

1. **估算面积** 测量小径的长宽，相乘得出总面积。

2. **估算砖块数目** 将少数砖块按设计的图案摆出来，填满$1m^2$，再乘出整片区域所需数量。

3. **加上5%留出损耗余地** 如果算出需要100块整砖，请准备105块。

小径图案

黏土砖和混凝土或黏土铺路砖主要有两处不同。黏土砖可任何一面朝上，但铺路砖只能最宽面朝上。此外，黏土砖的尺寸会形成更宽的接合处，而铺路砖则用于相互对接。从建筑商那里采购黏土砖或铺路砖时，请在地上摆出设计图案，看看效果如何。

斜接"人"字形

↗ 黏土铺路砖摆出传统的"人"字形，在边缘处斜接。这种图案很微妙，需要多次切割。

直角"人"字形

↗ 黏土铺路砖铺出的传统方块"人"字形，仅需将砖块对半切。

顺面朝上的编篮式

↗ 3块为一组的顺面朝上砖块拼出编篮式图案。这一迷人的传统设计无须切割砖块。

凹槽面朝下的编篮式

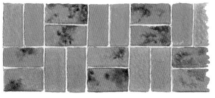

↗ 两块为一组的顶面朝下砖块拼出编篮式图案，这种设计可以更节省砖块，无须切割，但不太精致。

转向

砖块或铺路砖小径，角落处最好以直角转向，这样所选图案可在转角处衔接起来。此处的"人"字形图案仅沿着转向不同方向走下去，无须切割许多砖块。

如何修筑砖块小径

先标记路线和小径宽度，移除草皮和表土，向下挖出15cm深。用木板围出小径边缘，铺上7.5cm压实的砾石，在砂浆中铺设边缘砖块。铺2cm压实的碎石，2cm粗沙压实，再铺一层薄薄的细沙，用齿状钉耙铺平。将砖块放好，将细沙刷入接缝处，用平板夯压平。

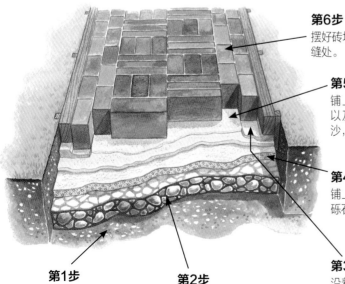

第6步
摆好砖块，将沙子刷入接缝处。

第5步
铺上约3cm的粗沙以及一层薄薄的细沙，压实。

第4步
铺上厚4cm的沙子和砾石混合物，压实。

第3步
沿着两侧边缘，各在砂浆上铺一排砖块，使之与木板平齐。

第2步
铺7.5cm厚的砾石，压实。

第1步
移除草皮和表土，向下挖出15cm深。放平木板，围出小径边缘。

切割砖块

有四种砖块切割法：可用石匠锤干脆地敲击，也可用小碎石锤和砖凿切割，还可用角磨机或者租用一台切砖机（像切纸机那样）。

将砖凿置于切割线上

将砖块置于一块地毯上

使用砖凿和小碎石锤时，将凿子放在标记处，用锤子干脆地敲几下。

尽量避免切割的类型

沿长边对半切，一定比呈角度切割更容易。如果在切割特定角度时不停地遇到麻烦，就会让工程比预计耗时更长，也会大大超出预算。鉴于这两个重要原因，新手的工程中最好让砖块切割最少化。

装饰型小径

要修筑一条装饰型小径吗?

小径表面主要发挥实用性功能,但额外装饰能让它超越功能本身。小径设计可以融入颜色和质感,通过变换材料或压入混凝土的花纹(各种各样的图像)呈现出图案。装饰可处于小径边缘,甚至可以处于小径本身的形状之中。任由你想象,创意无限。

设计和灵感来源

决定了小径路线和基本功能后,需判断哪些设计类型和材料在预算范围之内。

假设你希望修筑一条从房屋后门通向庭院的传统式小径,且要经久耐用,遵循传统图案铺砌红砖小径就是一种解决方案。当然,如果希望耗资更低,那么也许用回收砖块砌边的砾石小径更合适。

结合自己的喜好,分析房屋和庭院状况,如讨厌直线、喜爱旋涡式图案等,然后从场地的颜色和质感中寻找灵感。

用人造石板铺就的小径是以"凯尔特"为主题的铺路砖。市面上有不同的铺路砖销售。

思考

目的评估 修筑小径是为绕开菜圃方便行走等功能目的吗?还是希望打造成庭院的特色景观?不同的目的请选择对应的材料。

选择合适的风格 一条用轨枕修筑的小径在乡村庭院看起来可能不错,但用于城市住宅的后院是否同样合适?请根据周边环境思考不同构成元素的使用比例。

考虑成本 砾石是最便宜的材料,天然石板是最昂贵的。要时刻注意不要超过预算。

考虑曲线和弯折 弯弯曲曲的小径,最好采用砾石和砖块等材料,便于灵活铺设。

经典装饰型小径设计案例

装饰型砖块小径

从设计层面看,砖块小径是最传统、最灵活的方案之一。从各方面来看,它们也是最容易铺就的。请使用特别的高强度砖块或窑制住房用砖,这两种比普通砖块更结实,不容易碎裂(详见第50页)。

花式拼铺小径

传统的花式拼铺小径,以压实的砾石为地基,在砂浆上铺砌不规则形状的石头。

卵石小径

用砖块围边的卵石小径,只需将一块块卵石均匀按入砂浆即可。

修筑装饰型铺路砖小径

➡ ↘ 我们可选用铺路砖修筑小径，无须遵循传统方法使用高强度砖块、窑制砖块或回收砖块。铺路砖是用黏土或混凝土制造的超级结实的薄砖块，专用于建造小径、车道和露台，从简单的砖块样式到人造石有多种形状、尺寸和表面可选。图中小径使用了两种铺路砖——"砖块"小方石和"石头"地砖。

第1步
挖出15cm深的沟，填入略超过5cm的砾石压实，然后用混凝土填满剩下部分，留出一定厚度给铺路砖。

第2步
将边缘的小方石铺路砖置于砂浆中，确保平齐，与小径侧面的地面等高。

第3步
切割瓷砖并确认位置后铺进砂浆中，注意使其与边缘小方石铺路砖齐平。

第4步
将边缘瓦片置入砂浆，挖出一条沟，在其中填满豆粒砾石（这样割草机就可以直接推到边缘）。

第5步
用小勾缝刀将略干的砂浆混合物填入接缝处，仔细扫除小径上的废弃物。

质感纹理小径

质感纹理基于石头的特征，并根据石头的摆放组合方式而变幻。不同质感的石头可以配合在一起，相互补充，或各自摆放在相邻区域形成鲜明对比，突出不同材料的个性。从花式拼铺到方石板、卵石或砾石，有无数种选择摆在你面前。可以去建材商那里看看，寻找灵感，然后发挥想象力创造独一无二的设计。

彼此呈直角摆放的不规则石板，其间隙填满砾石。

按传统手法设计的小方石，拼铺出精致的贝壳图案。

并置的花岗岩小方石，彼此契合，形成传统花纹。

砖块和小方石

传统砖块的厚度通常是当代铺路砖方格石块的两倍，如果想混合这两种砖石修筑小径，要先将砖块铺在沙子中，然后铺方格石块。在下图的小径中，接缝处撒满草籽，日后草会将砖块与方格石块融合起来。使用割草机时可以轻松推到小径的边缘。

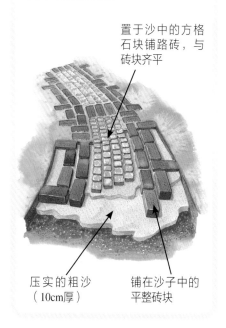

置于沙中的方格石块铺路砖，与砖块齐平

压实的粗沙（10cm厚）　铺在沙子中的平整砖块

处理曲线

修筑曲径的秘诀是用较小的修筑单位。单位材料越小，越容易修筑曲线。比如，可用小方石或将破碎的半砖块丁面朝上，修筑弧度较小的曲径。

高度问题

项目开始前，请确定小径高度。希望它与周围地面齐平，还是更高？挖出适合目标高度的地基，根据期待高度调整砾石层的深度。

发挥创意修筑马赛克小径

马赛克小径是艺术难题，需铺设10cm砾石压实、其上覆盖7.5cm混凝土作为地基。

蜿蜒小径

我想修筑一条蜿蜒曲折的小径，这会很复杂吗？

蜿蜒曲折的小径是一道美丽的风景线，小径的复杂程度取决于所用材料。而在设计和选材时要牢记一句话："留空和组合，胜于切割"——最好使用可留出空间、沿小径排列的材料，而不是僵硬的混凝土铺路板等方方正正的材料。因为若采用铺路板，边缘需根据曲径边缘切割。

弧度较大的曲线

如果曲线足够长（如20m左右的距离）几乎可按直线处理。可将木质边缘弯曲到合适的位置，甚至连砖块和铺路板小径也可转弯、变换角度适应曲线。不过，请千万别试图切割大量石板形成曲线，这会难上加难，也会让最后建成的小径显得生气全无。

曲线的问题

使用铺路板或铺路砖块时，曲线弧度越小，麻烦越大。如果必须修筑弧度较小的道路，有两种选择：使用容易沿着曲线排列的材料，如在混凝土中铺设树皮、混凝土、砾石、小铺路砖、卵石，或马赛克拼铺；也可使用板岩、瓦片等较薄的建材修筑，或用旧砖块排在边缘呈扇形散开，即可轻松沿着曲面或曲线铺。

这条弧度较大的小径非常宽，调整砖块之间的砂浆接缝宽度即可让砖块顺利地沿着曲线走，从而呈现出整体弧度。

为小径选择材料

可用于修筑小径的材料可根据难易程度分为以下三类，使用砖块或铺路板等固定模具材料时，难点在于如何让小径的表面呈现出随曲线弯曲的视觉效果。

简易型

直接倒入材料铺平，非常容易。

豆粒砾石 豆粒砾石是一种很棒的选择——只需在一层砾石地基上铺设，用齿状钉耙铺平即可（详见第47页）。

碎石 碎石可按与砾石相同的方式铺设。

混凝土 混凝土是可靠的选择，若在未干透时用刷子在表面刷出纹理或插入小卵石会更有设计感。

树皮 铺路非常容易，踏上去很坚实，也适合学步的孩子。等树皮最后碎成残渣，可倒入菜园。

略微复杂

选择的单位材料越小，修筑曲径越容易。

砖块 立在边缘上的旧砖块可摆成扇形，形成曲线，是修筑边缘的有效方式。

板岩屋面瓦 可将破碎的屋面瓦置于砂浆中，仅露出边缘。若想打造传统棋盘式设计，可将板岩片以同样的方式组合置于砂浆中。若与砖块结合，板岩看起来尤为出彩。

卵石 卵石用起来很有趣，使用时需铺一层砾石压实打地基，然后在砾石上铺砂浆，最后将卵石置入其中。

需尽量避开的材料

请勿选用较大模具制造的材料，因为这种铺砌非常困难。

方形铺路板 论及小径的修筑，唯一的便捷用法，即用作踏脚石，在周围铺一层砾石等材料。

轨枕 这种建材非常沉重，也难以切割，不太适合铺设普通庭院的狭窄小径。

瓷砖 最好避开瓷砖，除非计划打碎瓷砖，铺设马赛克小径。

特定形状的混凝土铺路板 六边形等特定形状的铺路板，很难使混凝土严丝合缝地沿着曲线走，往往显得格格不入。

小径边缘

　　小径边缘既承担着审美功能，也肩负着实用功能。它可以让小径整洁，边界清晰，井然有序，赏心悦目。更重要的是，边缘结构能够阻止小径在自身重量和行人重量的压迫下扩散开来。若无合适的边缘，小径两侧都会消失，草坪和野草会入侵其中，整条小径都会渐渐从中心开始扩展、松弛。

小径一定要有边缘吗？

小径边缘设计案例

总体来说，最适合修筑边缘的材料是可适应曲线的较小单位材料。并且与小径整体特征和环境相融的材料。

立砖

非常适合砖块、石头或砾石打造的小径，无论直线还是曲线，规则式还是不规则式。

按一定倾角砌砖块

按一定倾角排列的砖块，非常适合沿花圃修筑小径，可有效防止泥土溅入小径。

装饰型地砖

与砖块、小方石结合，效果非常好，但与树皮等天然材料搭配效果不佳。

圆木排

圆木排边缘很适合在不平坦的地面上修筑蜿蜒曲折的自然风格小径。

小径边缘案例

立砖

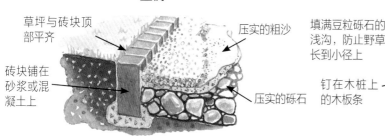

草坪与砖块顶部平齐

砖块铺在砂浆或混凝土上

压实的粗沙

压实的砾石

↗ 立砖顺面（侧面）直立，这条在碎石上铺砾石的小径，草坪与砖块顶部齐平，使用割草机非常方便。

木板

填满豆粒砾石的浅沟，防止野草长到小径上

钉在木桩上的木板条

夯实的混凝土

压实的砾石

↗ 这条混凝土小径，以钉在木桩上的木板做边缘，草坪低于小径。草坪和木板之间，有一条填满砾石的浅沟。

维多利亚瓦片

花圃低于瓦片

瓦片置于砂浆或混凝土之中

压实的砾石

压实的粗沙

↗ 这些装饰瓦片打造出一片迷人的边缘，此处为铺路板小径。花圃比小径更低，一边露出瓦片边缘。使用窑制黏土瓦片效果最佳，胜过混凝土砌块。

小径边缘小贴士

理想边缘的标准　所有边缘皆需为小径提供良好的支撑作用，但理想边缘的标准取决于小径的特征。比如，理想的装饰型小径边缘应突出装饰特征，而自然风格小径的理想边缘则应尽可能"隐身"。

需避免的做法　请将装饰型边缘安排在沿花圃修筑的小径边上，别设在草坪边上，这样就能避免踩上去。

修筑边缘的必要性　某些类型的小径边缘如果隐藏起来，效果最佳，如树皮铺就的蜿蜒的自然风格小径。修筑边缘会让所有类型的小径得益，混凝土小径可能是唯一的例外，尽管如此，修筑混凝土小径时还须使用木板边缘定型。

小径台阶

我可以在倾斜的庭院小径上筑台阶吗?

你的庭院必定有地方需要一两级台阶,除非它经过人工压平,非常平坦。与小径一样,台阶包括下沉式露台台阶、连接庭院与露台的台阶以及连接露台与小径的台阶。若想尝试更大的工程,可以将整个庭院变成一系列平台,比如紧挨房屋花境的露台可以通过几级台阶通向另一个平台。

简易小径台阶

有两种选择:可在地面斜坡挖出台阶,隐藏侧面;也可在斜坡上修筑台阶,露出所有侧面。

第一种选择最便捷,这是最简单的台阶,和孩子堆积木差不多,即让台阶的构成单位材料既有踢面也有踏面,使用轨枕搭建时亦是如此。

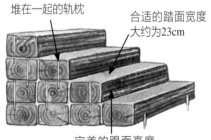

堆在一起的轨枕

合适的踏面宽度大约为23cm

完美的踢面高度大约为15cm

一段用90cm长的轨枕修筑的台阶,15cm厚度成了踢面的高度。

斜坡是否比台阶好?

如果庭院的使用者中有行动不便的人,或担心影响割草机、手推车或轮椅的使用,也许不要修筑台阶更好。倘若庭院的坡度不大,还有其他选择。

树皮 微微上升的碎树皮斜坡踏上去坚实干燥,也易于维护。

模压混凝土 在长长的模压混凝土斜坡小径上,模板压痕具有防滑的作用。

自然风格小径台阶

可将圆木固定在一段小径的宽度上,筑成简易式台阶,接着在后面铺材料(如树皮或砾石)打造平坦区域,修成踏面。圆木既是踢面也是踏面凸缘,施工非常容易。若想使其造型更突出,可不用圆木,而是使用轨枕。

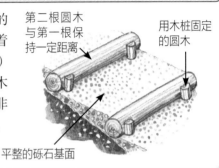

第二根圆木与第一根保持一定距离

用木桩固定的圆木

平整的砾石基面

小径台阶转角

在一段台阶上修筑转角时,如小径爬坡时要转变方向,最简单的处理方法即做出"四分之一弯道转向"。实际上,这是一级能让你舒适转向走到下一级的方台阶。如果台阶宽,方台阶为7.5cm×7.5cm即可。

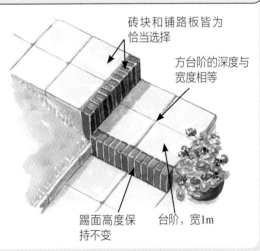

砖块和铺路板皆为恰当选择

方台阶的深度与宽度相等

踢面高度保持不变

台阶,宽1m

安全问题

如果要建造一段超过6级的台阶,或地面情况不稳定,如多沙、积水、陡峭多石或陡峭疏松,或土地已被开垦过,请咨询专业人士。

台阶本身就比较危险,老年人可能会滑倒,孩子可能会摔跤滚下来,因此保证安全至关重要。若要确保踏面不会打滑,就不要使用釉面板岩或容易产生青绿湿滑苔藓的木质。始终保持踢面高度不变(不超过18cm),突然改变节奏的升降可能会让人猝不及防,容易摔倒。

小径问题解决方案

　　让两点之间的距离最短，是小径最基础的功能之一。结合实用需求与装饰需要，就能让庭院可以充分发挥功用。一些小径可作为串起庭院最美特色景观的悠闲路线，此类可多一些装饰元素，让庭院体验更加愉快。

你最看重小径的哪一点？

这条小径围绕着大大的乡间住宅修筑，凹凸不平的卵石边缘有助于劝诱行人尽量不偏离小径行走。

实用小径

　　实用小径应保证人在不把鞋弄湿的情况下从A点走到B点，踏上去坚实干燥，地面不湿滑，没有水坑，也应是一条捷径。实用小径往往是笔直的，其宽度适合手推车或割草机。同时，规划小径时还需考虑门径宽度。

迷人小径

　　如果小径的主要作用是装饰，便无须遵从A、B之间两点一线的规则。装饰型小径可以蜿蜒曲折，尽显风姿，让行人享受庭院中最美的路线，可尝试将所有亮点囊括其中。

小径问题诊断		
目标	**解决方案1**	**解决方案2**
我希望修筑花费最少的直线小径，从房屋到露台，以实用为主，也必须结实	混凝土是修筑狭窄小径的好材料，夯实混凝土，确保小径宽度始终不变	碎木屑也是省钱的选择，大多数锯木厂都可以找到。木屑最后还可以用于堆肥
我希望打造一条美丽的小径，在庭院末端的一片树林中蜿蜒而过，从庭院通往露台	踏脚石看起来很自然，尽量选择天然石料铺路板，铺在豆粒砾石层中，让草长在砾石之间	碎树皮在林区看起来也不错，用光滑、久经风霜的石头或圆木、大树枝等景观木材作为小径边缘
我住在海边，希望修筑一条从露台直通水边的小径，结实耐用	用轨枕修筑码头，先以2m的宽度修筑轨道，然后其间以轨枕相连，筑成长长的码头	收集风化的大块石头铺路板，摆出一条直线，像一系列大型踏脚石那样。用铁索围出边缘
我希望修筑一条装饰型小径，从前门通往大门，要非常美，且精致而传统	红砖是不错的选择，将砖块列成"人"字形，与小路侧面形成直角，再砌"之"字形边缘（详见第40页）	用"之"字形砖块筑边的豆粒砾石小径（详见第40页）。这种小径用于规则式庭院效果也不错，在一层砾石基底上铺豆粒砾石
我刚重新为屋顶铺瓦，想用打碎的瓦片修筑一条装饰型小径，让造价最低化	以设想的小径宽度挖一条沟，铺一层砾石压实。再铺一层砂浆，最后立起瓦片插在边缘	以设想的小径宽度挖沟，用砖块筑边，将瓦片倒入沟中，打成硬币大小的碎片
我的庭院非常泥泞，希望修筑一条造价低廉、脚下干燥、结实的小径，期待它能与庭院自然环境相融	按小径宽度挖出15cm的沟，用砾石填满一半并压实，在表面覆盖沙子和砾石的混合物，随后覆盖豆粒砾石	将两排木桩打入地里，使其与轨枕相连，修筑悬空于地面之上的木质码头

石阶

石头台阶看起来很美，但是不是很难修筑？

用天然或人造石修筑台阶非常耗时，流程较复杂，但其中并无棘手工序。如果你对此充满热情，也希望迎接挑战，认为自己很可能会享受拼铺石头的缓慢艰辛过程，何不筑造一小段极其美观的石阶呢？筑造台阶，就像是挑战变幻莫测的大型拼图。

用回收石板筑造的台阶，植物的种子落入缝中，自由生长，营造出村舍庭院的氛围。

天然石材

有四种容易获取的天然石材：石灰石、砂岩、板岩和花岗岩。大部分庭院工程最好使用自然裂开的砂岩或回收的石灰石建造。

切割石头

尽可能沿着纹理切割石头。如果遇到石灰石等没有明显纹理的材料，可使用角磨机、结合小碎石锤和凿子切割，详见第31页和第73页。

使用砂浆

可将水泥、石灰、细沙以2：1：9的比例混制出均匀光洁的砂浆，详见第15页。

地基

普通地基深30cm，铺15cm砾石压实，再覆盖15cm混凝土。如在较软的地面上，需要挖更深的地基、铺更厚的混凝土，详见第18页。

石阶设计案例

部分切入的田园风花式拼铺

↘ 一长段建在天然斜坡之上的花式拼铺台阶，这些台阶看似完全切入斜坡，但实际上有一部分是独立的。侧面部分可见，边缘由大石头围住。如地面结实稳固，这就是个不错的选择。

琢石切入式台阶

↘ 一段短台阶，切入平台一侧，台阶侧面砌在抬高的墙体中。这项工程相对轻松，因为背后和侧面还有泥土，两侧皆有墙体，均可提供支撑。先修筑墙体正面和侧面，为台阶留出空间，然后在其中修筑台阶，这项工程使用的是约克石的石板。

琢石独立台阶

↘ 一段美丽的独立台阶，从后院到抬高的露台。这种台阶相对容易实现，因为它们是作为整块阶梯修筑的。侧面和踢面使用粗糙的散石，踏面使用石板。请注意观察台阶之下的拱门设计。

修筑简易式台阶

这些独立的台阶设计可用于天然斜坡或一段三四级的低矮台阶处，其中薄薄的天然石片用作踢面，46cm见方的混凝土铺路砖或铺路板作为踏面。

为第一级台阶挖出地基沟，长宽各为56cm，深30cm。填入15cm压实的砾石，其上覆盖15cm混凝土。混凝土凝固后，用石板围出一个有四面的方盒，从前到后为42.5cm，横跨40cm，高10cm。用废弃石料和混凝土填满方盒内部缝隙，其上覆盖砂浆，将用于踏面的铺路板铺上去。

修筑下一级台阶也是重复上述过程，不过，这次以第一级台阶的高度铺设地基层。

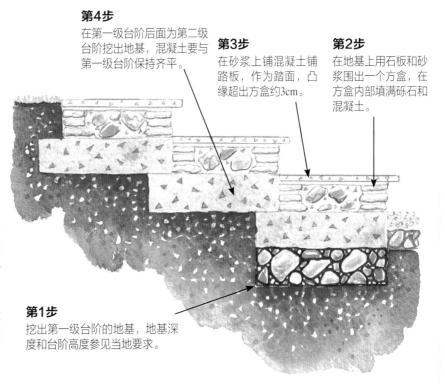

第4步
在第一级台阶后面为第二级台阶挖出地基，混凝土要与第一级台阶保持齐平。

第3步
在砂浆上铺混凝土铺路板，作为踏面，凸缘超出方盒约3cm。

第2步
在地基上用石板和砂浆围出一个方盒，在方盒内部填满砾石和混凝土。

第1步
挖出第一级台阶的地基，地基深度和台阶高度参见当地要求。

花式拼铺台阶

↘ 这些花式拼铺台阶和上述简易式台阶的施工步骤差不多，差别在于花式拼铺的踏面拼铺有所不同。成功秘诀在于：精心挑选合适的石头，让台阶角落呈直角，保持前缘和踏面侧边（凸缘）笔直。

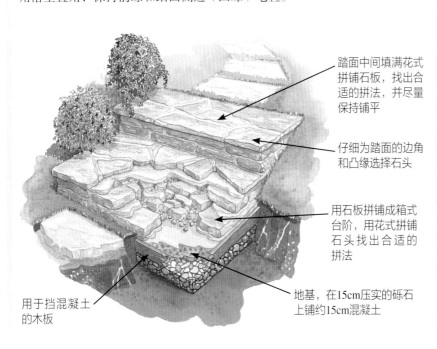

踏面中间填满花式拼铺石板，找出合适的拼法，并尽量保持铺平

仔细为踏面的边角和凸缘选择石头

用石板拼铺成箱式台阶，用花式拼铺石头找出合适的拼法

地基，在15cm压实的砾石上铺约15cm混凝土

用于挡混凝土的木板

其他石阶设计

构建迷人石阶的秘诀主要在于踢面所选的石头类型。大部分情况下有两种选择——你可以将一叠薄石板叠起来做踢面，也可以直接使用厚度为踢面高度的石块。

也可从回收机构收购破损的石头，踢面可用旧石灰石磨石等制成，也可使用旧屋顶石片。

解决问题

• 避免使用需要切割的石头，用薄薄的石板更轻松。

• 如果地面不稳定，就要挖深地基，铺更厚的混凝土。

• 避开房屋地基和下水管道系统。

• 踢面高度一定不能过高，这样施工更方便，使用也更安全。

• 请勿使用花岗岩等难以切割的石头。

砖块台阶

砌砖块台阶有看起来那么难吗?

只要你可以混合砂浆与混凝土,有力气能够搬运砖块,并会垒叠砖块,你就能用砖块砌筑台阶。当然,要想成功,必须得让每块砖横平竖直,要耐心仔细。不过,砌砖块结构总体来说没有看起来那么艰难。如果刚开始铺砌不够完美也没关系,熟能生巧。

砖块类型

砖块有许多类型,庭院工程最好使用充分烧制(高温烧制)的住宅用砖或高强度砖,这两种比普通砖块更结实、更防水、更抗冻。而低温烧制的室内装饰砖块就不太合适。

设计砖块台阶

砖砌工程顺利进行,有赖于设计出尽可能使用整砖(尽可能减少切割)的规划,而这需要水平砖层砌式巧妙、相互契合,相邻砖层的垂直接缝处要尽可能地错开排列。

地基

一段台阶最底端的一级需要结实的地基,在压实的砾石上铺一层混凝土。后续台阶只需砾石,深度与踢面高度一致。

切割砖块

通常,我们会沿着砖块的长边将其一分为二。不过,有时也会沿着短边切割。切割时用粉笔标记,将砖块放在草坪或旧地毯上,沿着标记线放好砖凿,用小碎石锤敲一下。

使用砂浆

砂浆应搅拌成光洁状态,水分恰到好处。用较大的勾缝刀铲出砂浆铺下,清理多余的砂浆。然后,用小勾缝铲将接缝处填满,刮去砂浆,露出砖块边缘。

铺砖,要横平竖直、间隔均匀

将砖块铺在砂浆上,用勾缝刀手柄轻拍到合适的位置,然后用砂浆涂抹在端面。下一块砖继续重复,每铺一两块砖就用木工水平仪检查一下,随时调整,让砖块横平竖直地排列。新手每铺下一块砖,最好都用激光水平仪检查一下,也有新手喜欢用橡胶锤拍砖块。

一段美丽的传统切入式砖块台阶,从院落引向抬高的露台。请注意踏面前沿砖块排列方式,每一级台阶都扩展出微微的弧线。

连接小径与露台的单级台阶,露台边缘即台阶。请留心图中的立砖铺设,路线因此保持笔直走向。

砖块台阶设计案例

↗ 易于修筑的基础式台阶，连接下沉式露台和草坪。

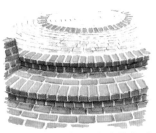

↗ 一段沿着圆形砖块与小方石大露台边缘铺设的弧形台阶。

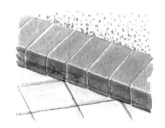

↗ 简洁的砖块台阶，连接两片非砖砌露台区域，细节引人注目。

↗ 一段基础式台阶，底层台阶与露台表面平齐。

筑造基础式砖砌台阶

在较软的地面筑造台阶
立砖做踏面

→ 经典的两级砖块台阶，每块踏面下，在砾石上铺设混凝土，很适合较软的地面。每级台阶之下的混凝土层可弥补潮湿的黏土层问题。

　　图中工程台阶连接两片露台，其中一片露台略高。本案例中，实际上有三级台阶，底层台阶置于较低露台之中，表面与之齐平。如果场地较为潮湿，需要保持台阶稳定，此设计是很棒的选择。

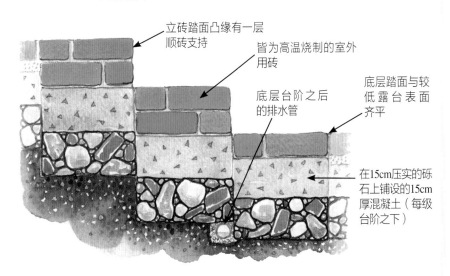

立砖踏面凸缘有一层顺砖支持

皆为高温烧制的室外用砖

底层台阶之后的排水管

底层踏面与较低露台表面齐平

在15cm压实的砾石上铺设的15cm厚混凝土（每级台阶之下）

在院子角落修筑台阶

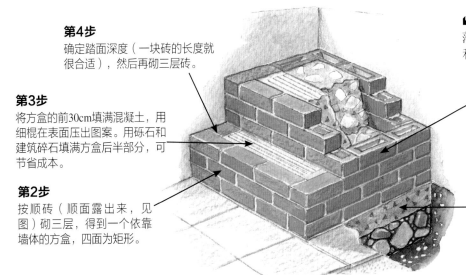

第4步
确定踏面深度（一块砖的长度就很合适），然后再砌三层砖。

第3步
将方盒的前30cm填满混凝土，用细棍在表面压出图案。用砾石和建筑碎石填满方盒后半部分，可节省成本。

第2步
按顺砖（顺面露出来，见图）砌三层，得到一个依靠墙体的方盒，四面为矩形。

↙ 如下步骤用于修筑从院子角落处通往露台区域的台阶，背面和一侧均有墙体支撑。

第5步
继续修筑墙体台阶，每级顶部表面都压上图案，保证表面不打滑。

第1步
挖出深30cm的整个台阶区域，铺30cm厚的砾石并压实，其上铺15cm厚的混凝土。

木质台阶

我喜欢做木工活，怎样才能造出木质台阶？

无论是乡间村舍庭院还是小型城市庭院，搭配木质台阶都很美妙，对木工技能的要求高低虽取决于设计，但筑造台阶并不涉及复杂的木工手艺。如，修筑轨枕台阶的确是体力活，但是从操作层面来看非常简单。通往抬高式甲板露台（下图中间一幅）的台阶更简单，它们主要使用螺丝、螺母和螺栓拼合，并无复杂接合方式。

这段台阶使用了整段枕木做踏面，四分之一的枕木做短桩（支撑物），中间填上碎石块。

一段通往抬高式甲板区的台阶——全部接缝处借用螺栓或螺丝固定的简单构造。

一段长长的台阶，采用经加压处理的圆木做踏面，中间填满碎石。

抬高甲板区的台阶

→ 成功秘诀，或者说让工程变轻松的秘诀，就是把所有接合处要用到的预制木材按所需长度锯好，一块块拼在一起，用螺丝、螺母和螺栓固定在一起。

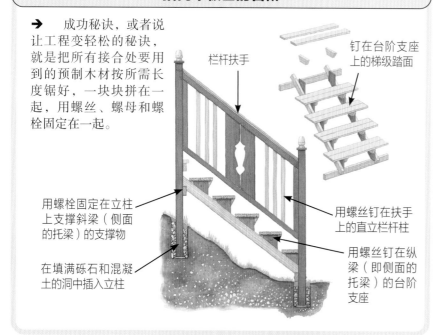

栏杆扶手

钉在台阶支座上的梯级踏面

用螺栓固定在立柱上支撑斜梁（侧面的托梁）的支撑物

在填满砾石和混凝土的洞中插入立柱

用螺丝钉在扶手上的直立栏杆柱

用螺丝钉在纵梁（即侧面的托梁）的台阶支座

其他木质台阶选择

如果你喜欢木质台阶却怕工程太难而望而生畏，可购买木梯套装。

不过，大部分情况下，修筑一段少于四级的木台阶的最便捷方式是使用轨枕。厚约15cm、宽20cm的轨枕能修筑完美的台阶，厚度即踢面的高度。许多供应商非常乐意应客户需求切割枕木。最经济的做法是设计出枕木零损耗方案：如将3m长的枕木切成3段各1m长的台阶。

简易式台阶

最迅速的台阶建造方法详见第47页。

自然风格台阶

　　修筑自然风格的台阶，最重要的一点是要让台阶与自然景观融为一体——如一组通往更高平台的石头，或微微倾斜的坡面上遍地是倒下的圆木，其间是枯枝败叶堆砌而成的自然台阶。它既可以是让人有立足之处的错综根系，也可以是让斜坡上出现的一条便于通行的土路。

自然风格台阶是什么样的？

这段台阶旨在与岩石园融为一体，花境中垂向台阶的植物增强了效果。

与环境融为一体的台阶

　　若想融入自然，必须选择木石等自然材料修筑台阶，采用以假乱真、浑然天成的拼凑方式，如看似堆叠在一起的石板、堆在圆木后的碎树皮，也可以是砾石或碎石平台。努力让台阶与场地和谐，挑选适合所在位置或所设主题的材料。林区可使用木材，山坡可使用大大小小的石头，海滩可用被水冲刷的石头，或使用回收的材料打造一座"返璞归真"的市中心庭院。

选择

　　树皮和圆木台阶用在森林风格的庭院中看起来很棒，而岩屑堆在山坡庭院中则更适合。如果你居住的地方曾为老工业区，可融入锈铁和木梁展现地方特色。

修筑石阶

　　虽然天然石材很贵，搬运起来也非常沉重，但最理想的效果是每阶台阶都使用有风化痕迹的天然石。用砂浆拼合三两块石板打造一级阶梯，是较为简单的选择。

→ 先塑造第一级台阶，挖出30cm深的地基孔，填入15cm砾石压实，其上覆盖15cm水泥层。将第一块石板置于砂浆之中，再用砂浆把第二块叠在第一块之上。第一级台阶铺完后，挖开其后地面填满砾石，作为第二级台阶的地基。重复上述步骤。

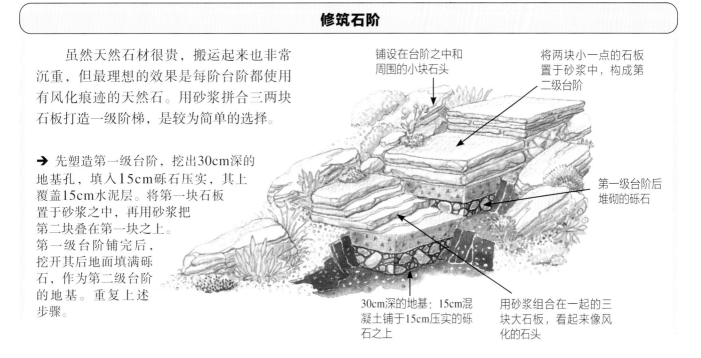

铺设在台阶之中和周围的小块石头

将两块小一点的石板置于砂浆中，构成第二级台阶

第一级台阶后堆砌的砾石

30cm深的地基：15cm混凝土铺于15cm压实的砾石之上

用砂浆组合在一起的三块大石板，看起来像风化的石头

装饰型台阶

装饰型台阶有哪些选择？

修筑与众不同的台阶有无数种方法：可塑造曲线踏面或安装装饰型护栏，突出特定形态或形状；或者在表面涂上油漆或铺马赛克，打造丰富的色彩；或者像维多利亚式赤陶瓦一样用浮雕装饰；又或者选择自身带有装饰型特色的石头、金属、木材或砖块材料铺设。

装饰型台阶设计案例

尽管选择多种多样，我们还是需要选择与自家房屋和庭院风格相符的台阶。如，陶瓦片在乡间村舍庭院中看起来很棒，装饰型木质结构用于甲板比较合适，在较小的乡间庭院采用碎陶瓷拼铺马赛克平面会十分精彩等。观察你的庭院和房屋，评估你的建工技能以及预计投入的时间，最好避开可能会很快过时的潮流装修元素，然后就可挑选出最合适的台阶了。

用砖块和石板塑造曲线

↗ 抬高的露台，边缘筑有台阶，砖块做踢面，石板做踏面。

蓝色甲板

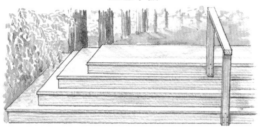

↗ 通往森林露台的木质甲板，薄涂了一层蓝灰色油漆，打造年代感。

红砖和花式拼铺

↗ 传统手法混用：砖块用于踏面凸缘，花式拼铺用于踏面内部表面。

蓝与白

↗ 白色台阶，蓝色踏面，支架交叉，立柱有螺旋尖顶饰。

菱形格栅

↗ 台阶通往抬高岛屿式露台，侧面设有格子框架。

粉色雕饰

↗ 有镂空细节雕饰的甲板台阶，漆成温和的粉色，与村舍交相辉映。

田园风的村舍绿

↗ 休闲的氛围——格子栏杆配上同样漆成绿色的台阶踢面。

关于风格

修筑的台阶和其他家居或庭院景观一样，将反映你的审美，故需谨慎设计。但要切记，台阶与室内空间不同，家居用品可随着潮流轻易改变，重筑台阶则麻烦得多。因此，最成功的庭院风格往往是传统的经典设计，经得起时间的考验。

实用性

和任何台阶一样，装饰型台阶最重要的问题是安全。无论怎样装饰都不应构成危险。

例如，倘若你希望用釉面瓷砖或贝壳装饰台阶，应在侧面和踢面使用，不可用于踏面，踏面应是平坦、不打滑的表面。我们必须始终将安全作为第一要务。

建筑小贴士

装饰须承受得住各种天气影响——风吹、日晒、雨淋。

砖块 请使用高温烧制、吸水率低、抗冻的砖块（详见第60页）。

石头 铺设石头时，别将纹理面放在最顶部，而是放在一侧，这样就不会积水了（详见第58页）。

油漆和上光 使用颜料、清漆和其他适用于户外装饰的上光材料。

瓷砖 大片区域使用高温烧制的缸砖。若想将破碎的浴室瓷砖或陶砖做成马赛克，请使用防水的水泥浆和填缝剂。

门阶

毋庸置疑，门阶必须实现其基本目的——让你从一个空间到另一个空间，但次要功能（在有些人心目中可能是重中之重）是作为住宅的视觉引入点。门阶（一阶或多阶）的不同风格，也可传达微妙的信息，如表明主人拥有高品位或暗示富足宽裕等。

如何筑造完美的门阶?

门阶设计案例

↗ 单阶，上有门廊，侧面有座椅，落落大方的入口。

↗ 斜坡上两段花式拼铺石阶，以一条短径相连。

↗ 双层甲板台阶建在原有的砖砌单级高台阶之上。

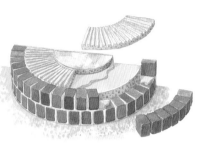

↗ 半圆形台阶用半砖以及圆形砖石露台套装材料的一半砌成。

风格

门阶的设计富于挑战性，它需要让你舒适地从一个高度过渡到另一个高度，看起来大方、温馨，还需将观者的眼睛引向门口。踢面的高度最好不要太高，不超过15cm，同时尽可能宽一些。

构成要素

门阶有三要素——踢面高度、踏面深度及台阶宽度，我们需要选择合适的规格。

踢面高度 舒适便捷的门阶，踢面高度不低于10cm，不高于15cm，一段阶梯的台阶踢面高度应完全保持一致。

踏面深度 踏面进深（从踏面凸缘，即边缘，到下一级正面的距离）必须有一脚或几脚的长度——不短于22.5cm，无上限。

台阶宽度 台阶至少应与门廊等宽——如76cm左右，记住但越宽越好。让台阶从门口以一系列逐步变宽的曲线呈扇形铺开，这是一种不错的设计。

砌筑砖块门阶

↘ 如下传统门阶是用高温烧制的砖块砌成的，踢面高度为砖块的一半（约为11cm）。为底层台阶铺15cm厚的混凝土底基层。先铺好底部一排立砖，作为第一层踢面，将间隙一半空间注入混凝土，然后铺上砖块作为底层踏面。建造第二层踢面，继续向上。等铺到顶层台阶时，平直部分采用顺砖，用"人"字形图案铺设一片扇形。

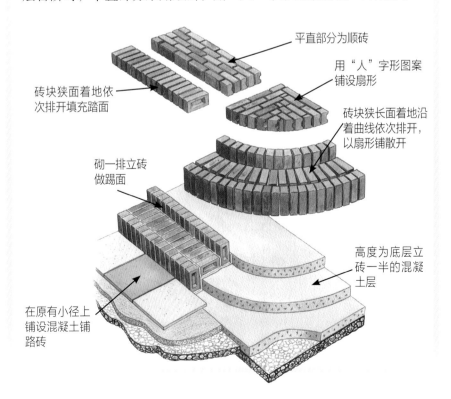

平直部分为顺砖

用"人"字形图案铺设扇形

砖块狭面着地依次排开填充踏面

砖块狭长面着地沿着曲线依次排开，以扇形铺散开

砌一排立砖做踢面

高度为底层立砖一半的混凝土层

在原有小径上铺设混凝土铺路砖

露台家具

我可以从室内搬几把旧椅子去露台用吗？

露台家具需要有吸引力，让人们产生使用的欲望，还有一个原则就是要舒适。为露台选购家具时，要像挑选室内家具一样用心。请别急于购买家具，等确定需求后再物色。

若想和孩子一起在庭院用餐，图中这种连体桌椅非常方便实用。

适用性

考虑未来将如何使用露台，分析哪些类型的家具可满足自家需求。例如，也许你只是想偶尔去露台读半小时报，也许你想晒晒日光浴。前者需要一条长凳或椅子，后者选日光浴躺椅会更合适。如果喜欢在户外用餐，需要的是一张偶尔吃零食的小桌子，还是大一些的全家共享连体桌椅，或是更便利的娱乐休闲用桌椅呢？

→ 木条椅美观又舒适，让你在别致的躺椅中享受日光浴。

↗ 这种便于移动的带轮桌椅组合，使用更加方便。

需求	方案
用餐 我们想要一张家庭大餐桌，结实、表面易于擦拭，这样就不用担心食物溅到桌上了，还必须适合乡村庭院	有多种选择，如塑料桌子配独立的椅子，或金属配套餐桌椅，但对家庭来说最佳选择是木桌子。食物溅出来也没关系——用肥皂和水就能擦除
倚靠 我想要一把特别舒服的躺椅，必须结实，但躺椅自身也不能太重，需要一个人就可以搬得动的重量。希望这把躺椅具有现代感，适合设计独特的城市庭院	木质靠椅看起来不错，金属靠椅相对便宜，不过有些较大的塑料躺椅才是最佳选择——轻质、好看，还非常舒适
风格至关重要 我们主营的是休闲娱乐产业，因此在物色高品位家具，希望给客户留下深刻印象。我们有一座很大的庭院，有许多景观亮点，钱不是问题	如果你希望添置颇具特色的家具，且不在乎价钱，可联系一些设计师为你独家设计，也可考虑用大理石或不锈钢制造家具
装饰为主 我们需要与传统维多利亚式住宅风格一致的家具，希望有许多装饰型细节，让家具成为庭院的常设特色	最佳解决方案是购买货真价实的维多利亚式铸铁家具或仿制品，一些建材回收中心主打维多利亚家具。请勿购买看起来已经有裂缝的产品
堆叠、折叠或可拆卸式 我们在为小小的城镇庭院配置家具，冬天会收进小小的工具棚和车库上方的小阁楼贮藏，所以必须较轻	有许多易于贮存的家具，但往往不够舒服。帆布躺椅虽然是一种有点过时的传统折叠式设计，但它既舒适又便于存放

材料和风格

维多利亚式家具仿制品

露台家具有许多不同的材料和风格——木头、金属、塑料、现代、传统、高科技等。判断要购买哪些家具时，请考虑自家庭院的风格。现代、追求极简主义的城市院落也许最适合洋溢着现代气息的金属或塑料制品，也可选用经典款。传统的乡间和村舍风格庭院则适合木质家具——从经典硬木设计、田园风或民间传统风格来挑选。以石材为主的家具也能很好地融入传统庭院，如坚固、经得住风吹雨打考验的长凳。石材家具惊艳四座，但并非最舒适的选择。

← 维多利亚铸铁家具仿制品是铝制产品，看起来很漂亮，也比原件更轻。

折叠椅、固定椅和躺椅

↗ 三种椅子可供选择，倾斜靠背的比笔直靠背的更舒服。

田园风

↗ 带树皮的家具放在乡村庭院中看起来很棒，不过若想舒适，需要铺上坐垫。

经典款

↗ 如果你并不看重舒适度，而是更在乎家具的使用寿命，石材家具是个不错的选择。

↗ 木板条躺椅可与甲板式露台完美地融合在一起。

设计款

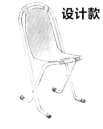

↗ 在二手店中寻找具有设计感的椅子。

柚木

↗ 柚木持久耐用，请从可靠销售商购买。

民间传统式

↗ 民间传统式座椅可用回收木材制造，价格低廉。

快速置办家具

可用厚木板和混凝土砌块迅速制造家具：只需堆叠混凝土砌块，在上面摆放厚木板，就成了桌椅。古董车座椅就可以作为便宜、舒适、颇具艺术气息的家具。传统海滩帆布躺椅非常便宜，色彩图案鲜明，能够让任何露台都瞬间活泼起来。

尽量避免的类型

请别购买由弹簧和松紧带组装的产品，此类家具使用年限不长久。不锈钢露台家具的螺栓容易松动，如果一个掉了，整件家具就没用了。请务必购买不怕风吹雨打、可留在户外的家具，除非你愿意每次下雨前都冲回去把它们搬进屋。

安全

折叠椅不太合适老人孩子使用，尤其是夹子和锁扣较脆弱的那种。这种椅子在收放时容量夹到手指。

一些塑料老化后会变脆，后倾时椅子可能很容易崩塌。

冬日贮存

除建在场地中的家具或用沉重栎木打造的家具外，大部分家具冬日皆需妥善贮存。若将家具留在露天环境中任其风吹雨打，连塑料产品也会受损。购买前，请思考冬日将其放在何处贮存。

维护

每逢季末，皆需使用油漆、柚木油或木馏油养护木质家具。园艺师的传统做法是在大长凳和椅子上刷木馏油，然后倒置于工具棚中。现代的塑料和金属椅子最好先用湿布擦拭，再贮藏于干燥处。软垫应存放于塑料袋中，置于室内干燥温暖处，远离老鼠聚居地。请使用小油漆刷将防锈油刷在弹簧和螺栓上，防止生锈。

自制家具

我喜欢简单的 DIY——我可以动手做家具吗?

屋主利用手头材料自制庭院家具(如门廊椅子、秋千、野餐椅,当然还有露台家具)的历史悠久。在美国,板条箱曾用于制作阿第伦达克椅;在德国和瑞士,人们用粗锯木材打制家具;而在英国,有人用果树木材制作田园风座椅。要相信热情比技能更重要,每个人都能做点什么。

← 经典式阿第伦达克椅,由旧板条箱制成,螺丝固定。

自制庭院家具是否值得推荐?

自制家具非常值得推荐——几乎零成本,而成果却持久耐用又美观,你还可以享受整个制作过程。没什么比坐在自制的椅子上听朋友们赞美更令人满足了。不同的家具对技能水平的要求不同,你可以从最简单的开始,如固定式椅子等,然后再制作阿第伦达克椅等更为复杂的家具,有的家具仅用少量工具和设备即可制成。

灵感

可以从网上寻找喜欢的案例,甚至也可以从传统的农舍和民间家具(如三腿凳、木板桌和厚木板靠背椅)中汲取灵感,然后试一试,将工具控制在简单的手工工具和基本的锤子、钉子范围之内。

家具类型

固定家具

· 可堆叠混凝土砌块,其上覆盖厚重木板或轨枕,即可制造桌子和长凳。

· 椅子和长凳可以完全用砖块建造。

· 可用巨大的石块作为支柱,其上架厚木板做成长凳。

· 人们总是喜欢坐在矮墙上,可考虑修筑高度合适的观景墙体。

可移动家具

· 可将柳条细枝钉起来制作椅子和长凳,先从最简单的凳子开始——一块木板座位加四条腿,再加上扶手和靠背。

· 可用一截树干做矮凳,如需移动,可以翻过来滚动。

· 若为较重的长凳安装脚轮和手柄,移动起来更容易,很像长长的手推车。

· 传统木质野餐桌较轻,可用轻松移动。如想移到阳光或树阴下,直接抬起来或拖到其他地点即可。

木质家具

· 轨枕很适合做长凳,但请勿使用沾到机油和柏油的枕木。

· 老果树的木材很适合做田园风家具——木材有香气,形状特别。

· 较细的柳枝可用于屏风或椅背。

· 经防腐剂加压处理的木材不适合做盛放食物的桌面,除非上过清漆。

石头家具

· 可在琢石上覆盖厚木板制成长凳。

· 界标石堆(用散石和砂浆砌成)非常适合做凳腿和桌腿。

金属家具

· 桌子、椅子和长凳可用高级铝制脚手架,用脚手架夹子固定连接处。

· 也可将老式拖拉机座椅改成漂亮时髦的凳子。

重要尺寸

家具有几种标准规格（先测量家中定制家具的尺寸），但你可以进行调整，适应自己的需求。标准直背椅通常为40～46cm高，但如果你高于或低于平均身高，或想制作更休闲的椅子，就需要进行调整。

模拟

为确认合适尺寸，可做模型，以大箱子充当椅子，以堆砖块充当桌子，随后不断进行微调，找出最合适舒服的高度。

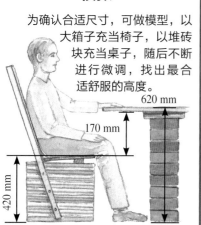

620 mm

170 mm

420 mm

制造石桌

薄薄的不规则石片，如回收的屋顶石片（劈开的石灰石）或散石，外加约7cm厚的三块石板，组成了图中石柱。可选用任何一种石板做底部基座和桌面，桌面亦可选择更有特色的板岩或石灰石板。

第5步
用勾缝刀在顶面石板抹砂浆，然后将桌面置于其上铺平。

第4步
用勾缝刀将砂浆抹在石柱顶部，然后放置桌面石板并铺平。

第6步
用勾缝刀的尖锐处刮出石柱接缝处少许砂浆，让石头间的缝隙露出来。

第3步
修筑支柱时，垂直面的接缝最好错开。

第1步
将底部基座石板平置于露台之上（或与草地表面平齐）。

第2步
用薄石板和砂浆砌支柱，高约76cm，直径约50cm，确保每层平齐。

打制木座椅

图中角落处长凳使用的是直接从锯木厂购买来的标准粗刨木材。座位由四侧凳腿框架以及一处角落凳腿框架支撑，每处有两条凳腿，顶部有横档，连接木条与座板（角落框架为两条）。座板固定在凳腿框架上，座椅前沿由挑口饰板覆盖。整个结构由两个不锈钢螺丝钉连接，采用水基外用漆上光。将座板上一条木板的端口与另一条木板顶端的侧面平接，再继续加入后几层木板，做出两半长凳迷人的"人"字形斜面接头。

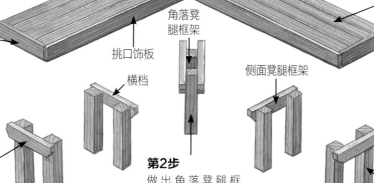

第5步
锯出四块板，用作挑口饰板，用螺丝将它们固定在座板边缘。

角落凳腿框架

挑口饰板

横档

侧面凳腿框架

第4步
将座板用螺丝钉固定在凳腿框架上。从外围板开始，下一块板与前一块板等宽，但更短一些，木板在角落接缝处形成"人"字形。

第1步
先做四个凳腿框架，每侧先从40cm×40cm的板上切出两条40cm长的凳腿，再从20cm×40cm的板上切出四条横档，每个接合处用两个螺丝钉连接。

第2步
做出角落凳腿框架，锯出与侧面框架相同的凳腿，但横档略长，因为此处为斜线。

第3步
将外侧两个凳腿框架摆好、对齐，角落框架与两侧均呈45°角。

露台植物

用植物填满露台的最佳方式是什么？

很多人通常会将露台设计为可遮风挡雨的温暖处所，与庭院其他部分功能互补。为露台选择盆栽植物时需考虑三件要事：选择能适应相应环境的品种，植物喜阳还是喜阴，喜水还是耐旱。花盆、花槽、花台和吊篮都可以用上。

栽种方式选择

盆栽 盆栽容器有多种选择，从陶瓷盆到旧水壶，都可以考虑。如果底部没有排水口，添加即可。

花槽 花槽是较大较重的盆栽容器，如铅水箱或旧水槽。

格子棚架或藤蔓花棚 用于支撑藤蔓植物非常合适，也可用作屏风（详见第72页）。

地面小片栽种区域 可在露台地面空出几块铺路板或砖块，栽种小型植物。

背靠砖墙的旧水槽和陶制大花盆，在传统砖砌露台中是完美的搭配。

从何下手

分析你的露台，然后列出环境要素（干燥还是荫蔽等）、植物应发挥的作用以及植物的摆放位置。

假设你的露台阳光充足，你希望到处爬满藤蔓植物遮阴，保障空间的私密性，并且打算在大陶制花盆里栽种植物，则需以常绿型为主，耐日照和干燥，选择部分品种的铁线莲、茉莉和忍冬也许会比较合适。

盆栽选项

若将盆栽定义为在小于花架的容器之中栽种植物，那么就应该选择搬运轻松的容器——从大洒水壶到烟囱管帽，无所不可，有许多令人惊喜的选择。你还可以收集许多镀锌水桶、洒水壶或旧炖锅，任何一种非锋利边缘、大小足够让露台植物安家的容器都适合。一组颜色相同的陶制花盆可形成强大的视觉影响力，增强露台的整体感。

旧镀锌水桶成了迷人的小盆栽容器。

花盆用起来很方便，如果想组合植物也很容易。

吊篮植物从露台的藤蔓花棚倾泻而下，看起来很美。

可将不美观的塑料花盆置于更大的容器中，掩饰其外表，例如可置于旧镀锌水盆中。

老式烟囱管帽可变身惊艳的种植台，用于展示特色植物非常完美。

花槽选项

花槽和盆栽容器差不多，只是大一些，装满植物后难以移动。因为与盆栽容器不同，它们难以跟随需求的变化移动，花架安装好之后往往不会再移动。换言之，花架更需要提前规划——形状、尺寸、位置，当然还有所选植物及组合方式，这样才能避免日后发生问题。

在木桩花箱中栽种的矮生常绿植物。

藏着塑料花盆的长木桩花槽——如果希望不时换新，这种做法非常有效。

木质花槽，自带格子棚架。

用人造石套装打造的花架，将所有砌块像拼图似的组装在一起，以砂浆或树脂黏合。

架在一段枕木上的石槽。

修筑石头花台

如有石材或砖砌露台，永久花台是很棒的选择。可用砖块或混凝土砌块等容易获取的材料制成，放在心目中的理想位置。更棒的是，你可以根据自己的特殊需求决定它的高度和尺寸。唯一的硬性规定：露台必须牢固，打下坚实的碎石块垫层地基。简单起见，可设计成矩形或方形花坛（这样就能尽可能用整砖砌筑了），方便融入露台之中。

第3步
用砂浆砌砖墙，错开不同砖层接缝处。在花坛底部垂直接缝处挖出砂浆，作为排水口。在砖层顶部铺一层厚厚的砂浆，将墙帽石块铺上去。

第2步
设计花坛部分，请尽可能用整砖，试着叠出砖层（先不用砂浆），看看花坛效果。

第4步
将松散的碎石放在花坛底部，促进排水，在花坛中填入表土和泥炭土混合物，栽种心仪的植物。

第1步
检查露台是否牢固，是否有混凝土或压实的砾石地基。如不确定，请揭起铺路板检查。

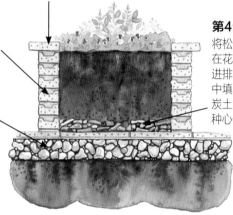

"口袋"种植

图中露台省去了几块砖，留出小片种植区域，用于栽种低矮的匍匐植物。

融入石墙的巧妙景观，可在空隙中栽种生长缓慢、枝叶下垂的植物。

盆栽和木桶植物指南

露台是展示盆栽、花架和花台的好地方。或许你希望头顶上藤蔓花棚的藤蔓植物瀑布般倾泻而下，或许你想被草叶的窃窃私语包围，或是置身于老式村舍庭院植物的丛林之中等等。下面提供一些可以给你灵感的例子。

观花植物	观叶植物	球根植物	理想组合
金鱼草 花期短，多年生，色彩丰富，矮生品种盆栽摆在一起看起来很美，喜全日照。	**金科"克雷格"玉簪** 叶片边缘为白色，开紧凑、钟形花朵。	**黄花葱** 亮黄色花朵，喜岩质土壤和日照。	**明艳的夏日色彩** 六裂叶旱金莲和川鄂爬山虎：六裂叶旱金莲绽放鲜艳的红色花朵，川鄂爬山虎有着绿色或青铜色的叶片，这是极具异域风情的藤蔓植物组合，用于藤蔓花棚堪称完美。
琉璃繁缕 开美丽的蓝色花朵，中心为粉色。矮生，丛生，柔嫩，多年生，夏季至秋季开花。	**"少女"火炬花** 叶子似禾草类，开淡黄色花朵。	**水仙花** 有多种色调，一簇簇种在一起很美。	**村舍植物** 三色堇和堪察加景天：三色堇浓艳的紫花与堪察加景天金色至橙色渐变的花朵让低处花境非常美。
雏菊 大片开放的美丽花朵，似绒球，花朵为红色、粉色或白色，喜日照或半阴。	**紫花野芝麻** 叶片似荨麻，有多种颜色。	**光滑银莲花** 开蓝色花朵，喜日照和排水良好的土壤。	**藤蔓植物** 忍冬和藤蔓金鱼草：忍冬具有异域风情的花朵与金鱼草紫罗兰色的花朵搭配在一起非常美。
瓦氏凤仙 开大量红色、粉色、白色或橙色花朵，喜沃土，日照或半阴环境中长势最佳。	**蛛丝长生草** 装饰型叶片丛生为莲座状。	**美人蕉** 植株高挑，异域风情，艳丽，喜日照。	**仅用禾草植物** 灰蓝羊茅和狼尾草：灰蓝羊茅与高挑的铁锈色至棕色渐变的狼尾草羽状部分组合在一起十分惊艳。
	"金色"铜钱珍珠菜 惊艳的金色叶片。	**雀斑贝母** 春季开白色、紫色和粉色花朵。	

藤蔓花棚和格子棚架

迷人的藤蔓花棚和格子棚架建起来很难吗？

建格子棚架并非复杂工程，只需用钉子将粗刨的细木条组装起来，等爬满藤蔓植物时，就会让露台面貌产生极大改观。藤蔓花棚原理相近，只需一些横梁就能成为独特景观。藤蔓花棚建起来很容易，只是最基础的木结构而已。格子棚架在一些园艺店铺中可以很容易买到，但亲手制作也非常简单。

藤蔓花棚

藤蔓花棚可将露台变成动人心弦的区域，让露台超越单纯铺砌路面的空间。在它的装点下，露台会更加精致、充实。等植物从藤蔓花棚上垂下，这里就会变身美丽的避暑胜地——一片真正的绿色空间。

藤蔓花棚选项

角落上自带屏风和座位的藤蔓花棚

开放式藤蔓花棚——仅作为植物支架而已

旨在尽可能提供大面积遮阴的屋顶

带格栅屏风的门廊式藤蔓花棚

用带树皮的木柱搭建简易设计

配合房屋风格的设计

如何搭建藤蔓花棚

藤蔓花棚由四部分组成：主要立柱、连接立柱的横梁、位于横梁之上的椽子以及最顶上的木条。

横梁和椽子的形状

波状花边

经典式圆头

简单斜切角

现代式圆头

凹曲线

象限圆

搭建简易藤蔓花棚

第3步
与横梁呈直角，在其上架椽子。

第4步
在椽子上架木条完成屋顶的搭建。

第2步
在立柱上架横梁，用金属支架或专用零部件固定住。

第1步
将主要立柱固定在深度符合当地规定深度的地基孔中，用混凝土填充每个洞。

格子棚架

从一定程度上来说，格子棚架仅是支撑藤蔓植物的框架，但它同样也可成为图案精致、引人注目的特色景观，如此说来更像建筑特色，而不仅是植物支架。

格子棚架的类型多种多样，可以从商店购买简单的格栅板条，用螺丝直接固定在家中墙上，也可购买带有拱门、一处或多处通道、带有尖顶饰立柱的独立式屏风。不过，你也可以自己动手做格子棚架，仅用廉价材料和最简单的工具（锯子、钻子和锤子等）即可。如果你想用惊艳的装饰型结构扮靓露台，那么机会来了。

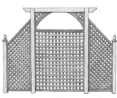
↗ 格子棚架，为特别的雕塑做背景。

↗ 便携铰链式折叠式格栅屏风。

↗ 作为角落景观的折叠式格子棚架。

常绿观叶植物

加那利常春藤：叶片有光泽，红色茎。

科西加常春藤：心形大叶片。

洋常春藤：不同颜色，自附型。

多年生观花或观果植物

"黄叶"啤酒花：金黄色叶片的啤酒花。

羊叶忍冬：橙色浆果。

蜗牛花：橙色至黄色花朵，有荚果。

多年生和一年生香花植物

早花铁线莲（大花绣球藤）：白色花朵。

晚花铁线莲（唐古特铁线莲）：开黄色钟形花朵。

电灯花：花最初为米黄色，后变为紫色。

墙体与分隔物

砌墙看似难事，实际上只是一系列简单的小任务组合在一起而已。砖墙大多以顺砖或丁砖形式组砌。每层砖被称作一皮，墙体顶上被称作墙帽，砖块图案被称为砌式。砌式的关键在于错开垂直方向的接缝，以打造结实的墙体。简单的顺砖砌式，可用于单砖或双砖厚度的墙。

砌墙，难不难？

石墙

将薄薄的平整石块置于砂浆中，很容易砌成石墙。如需琢石，请找已劈开、便于使用的方形石块。普通切割只需将石头放在一块旧地毯上，用小碎石锤和砖凿即可，更复杂的工序请使用冷凿。

如果原有砖墙或石墙状态很差，有两种办法可改善面貌。最快的解决方案即刷墙。你还可以种植藤蔓植物（如果喜欢，可让它们顺着墙上固定的格栅结构爬），若想翻修墙体，租一台喷砂机，用于清理表面，然后进行高质量修复。

→ 图中露台让人印象深刻，在未改变露台下层结构或墙体的情况下建造了水景。植物改善了墙体的形象。

↗ 用琢石、旧砖块和瓦片修砌的乡村庭院墙体。

↗ 有墙帽、嵌入式长凳的挡土墙，以人造石块砌成。

隔离露台区域的便捷方式

折叠式屏风 三面格子棚架屏风可根据太阳与风向变化开合或调整位置。

吊篮 可让吊篮植物从藤蔓花棚垂下，形成一片生长迅速的下垂叶片屏风。

篷布 可用现代式帐篷隔离一片区域，不过最好使用传统的条纹帆布篷，可起到遮阴、保护隐私的作用。

修筑砖墙或石墙

在庭院中砌筑砖墙或石墙皆须牢固的地基。通常，混凝土底基层须是墙体宽度的两到三倍。（保险起见，可砌筑更厚、更宽的混凝土底基层）干砌墙则是仔细堆积石块、不用砂浆建成的。亦参见第34~35页、第50~51页、第60~61页（砖块）；第28~29页、第30~31页、第58~59页（石块）。

安全事项

如果砖块或石块庭院墙体高于胸口，必须挖更深的地基，如40cm，还需将混凝土层加厚到20~30cm。

独立式单砖厚度砖墙

第4步
用勾缝刀铲出多余砂浆，按一定角度刮在缝隙表面。

第3步
用木工水平尺检查每层砖块是否横平竖直。

第2步
用砂浆砌入一层层砖块，错开垂直接缝处。

第1步
挖出深30cm、宽30cm的沟，填入10cm砾石压实，再铺设10cm混凝土。

独立式散石墙

第4步
选择一面为平面的石块，置于墙体顶部，平面朝上。

第3步
铺砌石块，错开垂直接缝处，在正反面与侧面转弯处铺上较长的"连接"砖块。

第2步
在沟中填满10cm压实的砾石，随后填上20cm混凝土。

第1步
挖一条深40cm、宽为墙体三倍的沟。

饰物与装饰

我喜欢装饰庭院，对此有何建议？

你可以尽情装扮露台，直到心满意足为止——它可以成为你心目中任何一番景象。将露台视为空白画布吧，尽情装点，尽情摆弄。你的灵感也许来自维多利亚式风格、极简主义艺术、凯尔特艺术、美国民间艺术或其他美妙事物——打造有趣的装饰效果也有无限选择。可将这片区域视为展览空间，定期变换主题。

你一定喜欢会这只猫咪石雕！动物雕塑一直深受人们喜爱。

规划

若想设计有各种摆件的露台空间，一开始就要带着规划性、有条不紊地规划，最终实现愿景——哪怕你希望它展现出凌乱之美。若想在露台铺砌马赛克装饰，就须打造适合拼铺马赛克的表面；若想展示各种盆景，就需留出各种合适的小空间；若想让雕塑呈现出最佳展示效果，最好打造基座。

雕塑

传统砖石露台是展示雕塑的好地方，如陶瓷塑像、铁艺、预制混凝土半身像或立体马赛克。请规划如何展示雕塑，并以此为基础，利用空白墙面和壁龛塑造空间。

花木造型修剪

若将花木造型修剪作为露台特色景观，请别忘记它们也是活生生的植物，它们不仅需要日照、水分及恰到好处的土壤条件，还会不断生长。如果考虑将花木造型融入设计中，请务必考虑上述因素。

露台装饰指南

马赛克

马赛克可融入墙体和地面，或作为砖砌长凳和桌子等结构的表面装饰。可使用传统玻璃砖、陶瓦片乃至卵石、贝壳或碎瓷器等。

花盆

花盆既有装饰价值又能盛放植物，可摆在不同平面上，形成一大片倾泻的色彩。

淘来的小物件

偶遇的小物件可以变成露台特色，如一堆独特的石头、零零碎碎的贝壳、几块化石或一堆浮木。

雕塑

单个雕塑、一组塑像乃至一系列有趣的小矮人都可以成为有趣的焦点。

铁艺

兼顾装饰型和功能性的铁艺，如支架、烛台、屏风、旧农场和园艺工具以及盆栽容器皆可挂在墙上。铁艺可增添一丝华丽的色彩，并且变幻出无数种可能性。

鸟浴台

迷人的鸟浴台会引来鸟儿，让你尽情观鸟。将其置于合适的位置，使得你能够坐在露台上你最爱的那把椅子上，或从屋里某个房间一眼看见。

墙面特色

露台墙面可以作为旅途耐风化藏品的完美展示空间，如异域风情的面具或浮雕。

装饰摆件

毫无摆设的露台就像一间空屋子，将会成为一个非常凄凉的地方。然而，精心设计的露台看起来不应过于拥挤——请谨慎选择饰物，别为了填充空间而一口气购买大量并不十分喜欢的物品。从少数重要物件开始，从眼下开始。

↗ 露台是陈列雕塑的好地方，可选塑像包括天使、经典人物、小矮人、小精灵、兔子、狗、猫还有猪，抽象雕塑材料有玻璃、陶瓷、混凝土、金属球体和椎体、石头和金属块。

↗ 小巧、自给自足的水景能够点亮任何一座小露台，至于选择抽象雕塑还是有形体的雕塑，你可自行决定。

↗ 陶制花盆看起来很棒，可作为雕塑而不仅是功能性盆栽容器看待——从基本外形设计到彩釉都很漂亮，还有一些巨大的特色花盆，可以栽种外观震撼的大型植物。

↗ 真正的化石当然很棒，维多利亚时期人们会在带围墙的庭院中展示化石，如今市面上可以买到逼真的仿制品。

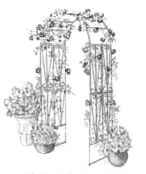

↗ 铁艺适合用于露台，栏杆、家具、支架、植物架及玫瑰拱门都会散发出浓浓的田园气息。

↗ 孤赏石曾一度稀少昂贵，如今却越来越容易购买，将此作为露台中心景观非常合适。

打造自己的艺术和雕塑

用碎陶瓷拼出的鱼跃图案，采用瓷砖用水泥拼贴。

创造露台艺术和雕塑是一个激动、治愈心灵的好机会，千万别错过。如果是新手，切记，从中获取乐趣与成果一样重要。

为露台打造马赛克图画

打造马赛克拼图很容易——画出设计图，用防水黏合剂或砖瓦用水泥将小片玻璃砖、瓷砖或碎陶片黏合起来拼出设计图案，然后用防水填缝剂填满接缝处，趁多余的填缝剂尚未干燥时清除。

板岩瓮和创意形状

旧瓦板岩非常适合创作抽象雕塑。先确定作品形态，按实际尺寸画出。根据雕塑四壁轮廓，用纸板或胶合板剪出模板。用板岩和砂浆塑造出四壁，做出作品形状。继续使用该模板检查侧面轮廓是否正确，等形态接近完成，用砂浆固定板岩。

根据模板轮廓，用板岩砌出四壁的瓮。

淘来的小摆件

论及淘来的小摆件，任何东西都可以派上用场——一个人认为是垃圾的东西也许就是另一个人的露台艺术品。

自然造物 从自然界找到的物件非常美妙，流露出独特的美感——石头、贝壳、浮木、一捆树枝、长满青苔的石头、树皮、带孔的石头、化石、褪色的骨头、一块块木头，这些都是经历了风雨洗礼的自然造物。

人造 如果你喜欢旧车轮毂、锈迹斑斑的水桶、被遗弃的农具或旧烟囱管帽，这下机会来了，动手收集。

安全记心间

若是打算陈列农具作为装饰，切记它们可能会造成危险，尤其是孩子在附近玩耍时。可将这些农具装饰固定在墙上够不着的地方，或用某种方式围起来，这样孩子们好奇的小手就拿不到了。

水池

在露台修建水池是否合适?

水池是迷人的建筑结构,可与露台和谐共生。可在现存露台或附近修建水池,也可做成下沉式或抬高式设计。水池中一般有喷泉、鱼类或植物。池塘定是激动人心的特色景观,可以点亮舒适却平淡的空间。

注意事项

水池有潜在的危险,孩子可能会被水吸引,小一点的孩子在极浅处也可能溺水。孩子的安全非常重要,孩子若是在水池近旁玩耍,须有家长陪伴。如果对此深表担忧,最好还是别修建水池了。

风格、形状和大小

如果你想在不破坏露台整体性的前提下打造小巧的简易式水池——几何或不规则形,最好建成抬高式水池。与之相反,若想修筑较大的水池,且不介意改变露台地面,对挖地基、搅拌混凝土等艰辛劳作有所心理准备,那就建一个与地面齐平的下沉式水池吧。

测量露台尺寸,考虑一下水池的形状、大小和风格,可参观水景园中心找灵感。

水池需铺设衬垫,以便蓄水。最普遍的做法是使用预制的刚性衬垫或软性丁基橡胶衬垫。

➚ 部分下沉式水池,采用贴有马赛克的混凝土砌块修建。

➜ 砖砌抬高式水池,池壁顶部采用的是人造石板,中有刚性衬垫。

水池设计案例

水池衬垫

有三种方法可让水池蓄水不渗漏,可以采用预制的塑料或树脂衬垫、软质衬垫或浇筑混凝土。

刚性衬垫(塑料、树脂衬垫) 预制的衬垫简洁美观,但造价昂贵,且尺寸较小,铺设时调整大小非常麻烦。树脂类的比聚乙烯的使用期限更长。

软质衬垫 若池塘的大小、形状是按自己的喜好设计,软质衬垫就是最佳选择。质量过硬的丁基衬垫可使用一辈子,用两层土工布垫底可以防止丁基橡胶被石头穿破。

混凝土垫层 如果你承受艰苦劳作,想拥有一个持久耐用的水池,并想尽可能降低造价,混凝土就是传统的解决方式。

抬高式水池

↑ 一个非常简洁的抬高水池,建在露台角落处,与砖墙相呼应,预制的刚性衬垫边缘被一排砖块覆盖。

➚ 一个小小的方形规则式下沉水池,以石头铺路砖砌边,在露台上作为中心景观而建。双层砖块厚度的混凝土水池内壁墙体由砂浆抹灰,还刷了一层防水的水池用漆。

下沉式水池

鱼和植物

鱼类 你可以选择自己放鱼进去,或是把水池交给野生动植物,然后静待青蛙、蜻蜓等前来助阵。但二者不可兼得。

植物 在水池栽种植物的首要目标是保持氧气和水藻的"平衡",这样才能保证水质干净清透。

修建抬高式水池

使用软质衬垫

➘ 在混凝土基底上砖砌一圈有细窄的空心环墙，软质丁基橡胶衬垫铺在基底上（然后向上延伸直至空心砖墙之间），这样就可以将抬高式水池建成你想要的任何形状而不用担心渗漏。基底上需铺设一层混凝土，以保护衬垫。

第5步
根据所需大小切割顶部砖块，使其架在两面墙上并固定住丁基衬垫，用砂浆砌上。

第4步
在软质衬垫从空心砖墙露出头的地方剪去多余的土工布，露出丁基衬垫。将其折向水池方向，修剪成与墙体边缘齐平。

第2步
在地基铺上丁基衬垫，并将衬垫和土工布延伸至双层砖墙的空心处，上拉至端口。

第3步
在衬垫上注6cm混凝土。

第1步
挖出30cm深的地基，填上15cm砾石压实，再浇筑15cm混凝土。

使用刚性衬垫

➘ 预制的刚性衬垫置于混凝土层之上，砖砌环墙围绕。衬垫边缘固定在墙体上，将内面墙体与衬垫之间的空间填满沙子，为衬垫提供额外支撑。

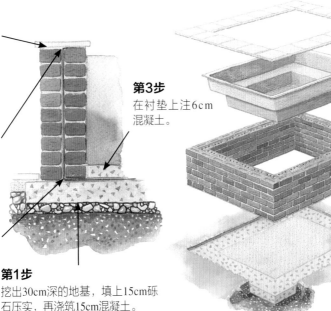

第4步
在墙体顶部铺砂浆，把压顶砖块放上去。

第3步
将衬垫放在混凝土层上，在其四周砌双层砖块厚度的墙体，砌墙时在衬垫和墙体的间隙中填满沙子。

第2步
挖出30cm深的地基，填满15cm砾石压实，再浇筑15cm混凝土（中心区域填满沙子支撑衬垫）。

第1步
计算地基的大小，用木桩和绳子标记范围。

修建下沉式水池

采购圆形人造石铺路砖套装，挖地基，然后在地基上铺设夹在两层土工布之间的丁基衬垫。在土工布上的地基底部浇筑一层混凝土。在混凝土层上砌砖墙，衬垫一直向上延伸到墙体之外，在土工布夹层和地基洞两侧填满沙子。用碎石块、沙子和铺路板封顶。

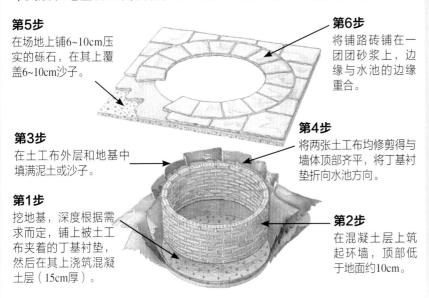

第5步
在场地上铺6~10cm压实的砾石，在其上覆盖6~10cm沙子。

第6步
将铺路砖铺在一团团砂浆上，边缘与水池的边缘重合。

第3步
在土工布外层和地基中填满泥土或沙子。

第4步
将两张土工布均修剪得与墙体顶部齐平，将丁基衬垫折向水池方向。

第1步
挖地基，深度根据需求而定，铺上被土工布夹着的丁基衬垫，然后在其上浇筑混凝土层（15cm厚）。

第2步
在混凝土层上筑起环墙，顶部低于地面约10cm。

喷泉、水泵和过滤器

若想在水池中建喷泉，则需安装水泵。如果你想打造有植物和鱼类的规则池塘，需安装水泵和过滤器，建设初期就需要考虑这些问题，才能在建设过程中巧妙地隐藏水管和电缆。

一般的下沉式水池有两根管子（一根供水，另一根保护电缆）从池中穿过，穿过墙体底部，向上延伸到墙外和土工布之间，越过墙体顶部，穿到露台铺路板之下。而你能看见的，仅仅是池底的水泵和过滤器而已。

若是抬高的水池，最佳方案是隐藏管子。水泵在池底，水管和缆线在水池内部穿梭，然后向上延伸到顶部边缘，你可以小心地将其藏于顶层砌块、卵石或位置巧妙的植物之下。

小水景

我是否可以在露台上打造流水景观？

小水景可将露台从单纯摆放座椅的空间变成得以聆听流水滴答，戏水景内冒泡咕噜，看水柱喷涌而出的地方。有许多种小型自给自足的水景，无须修筑水池即可享受，还有的甚至无须挖地基。例如，水景缸能让你体会到常规尺寸水池的所有魅力，也比较省心省力。走访水景庭院，看看有哪些设计可以在自家露台使用。

小水景选项

水景缸

↗ 水景缸可用各种容器打造，从大陶制花盆到木质半桶都能够实现。装满水，种上金鱼藻或鸢尾等水生植物。另一种办法是将栽种一系列不同植物的容器组合在一起。

冒泡喷泉

↗ 冒泡喷泉由水源（或蓄水池）和浅池泵组成，浅池泵安装在地面之上或之下。覆盖物任你选择，磨石子或卵石等。水泵把水从水源推出来，形成喷涌的水景，然后又流回到浅池泵中。如此建造的喷泉景致迷人，价格低廉。

壁饰喷泉

↗ 壁饰喷泉向底部的蓄水池喷水，蓄水池中装有水泵，与通往墙壁后面、穿过壁饰雕塑的输水管相连。若想让工程更轻松，最好依靠原有墙体修建喷泉。

此类水景装置，只需填满水、插上电源即可。美观又安全，孩子一定喜欢。图中及其他类似水景皆物美价廉。

水景缸

水景缸只是盛水的容器而已，故有多种选择。下面略举一二，不过你可以自己创造性地使用各种物件。

栎木半桶 木质半桶是非常迷人的容器，将它们浸在水中，直到侧板膨胀起来，让水桶密不透水。真正的栎木半桶比仿制品更好。

上釉陶制花盆 可以买一些形状和大小不一的陶盆，尽可能购买最大的。记住用软木塞堵住排水孔。

镀锌水箱 老房子用于供水的镀锌水箱也可作为绝妙的水景缸。盛满水和有趣的植物后魅力无限。

铅水箱 很难找，却非常壮观。可试着在垃圾回收站和建材回收公司找寻。

镀锌水桶和水盆 镀锌水桶、水盆、花槽、洒水壶及饲料槽，看起来都很棒——越大、越旧，越好。

图中旧石头花槽特征突出，成了惊艳的水景缸。

冒泡的瓮式水景

↘ 你需要准备一个塑料容器做蓄水池、一个陶花盆或瓮（形状和大小合适）、小水泵、约3m长的水管、一张金属丝网以及一桶卵石。

　　挖一个洞，将容器放进去，将水泵置入其中，电缆从软管中穿过，可保护电缆。将输水管装入水泵输出口，绕出容器。用丝网覆盖容器，放好瓮，用卵石遮挡丝网。

冒泡的磨石水景是使用与冒泡瓮式水景类似的地基、蓄水池和水泵装置建成的。

第5步
在瓮和容器中填满水，打开电源。

第4步
用石头和卵石覆盖铁丝网和水管，将水管隐藏起来。

第3步
用金属丝网覆盖容器，瓮放在金属丝网上，然后将输水管穿入瓮中。

第2步
将水泵置于蓄水池中，用水管保护电缆，再将输水管与水泵连接起来。

第1步
挖洞装入容器，就位后在周围填上沙子。

壁饰流水喷泉

　　如果原有露台为混凝土地基，且一侧有砖墙，可建造一处壁饰流水喷泉。用砖砌一个与墙体相匹配的蓄水池（或使用现成的花槽或水箱）。在墙上为水管和电缆钻孔，恰高于蓄水池边缘，然后在安装壁饰处再钻一个洞。将水泵置于蓄水池中，将电缆穿过墙体。将水管两端分别与水泵和壁饰相连。在蓄水池中放满水，打开电源即可。

第4步
在墙上安装壁饰，然后将水管穿到墙后，再从壁饰较高的孔推出。在墙壁后面，用塑料管保护水管和电缆免受损伤。

第5步
在蓄水池中注入清水，水面与边缘齐平。设定水泵流量，打开开关。

第1步
在墙角建一个砖砌蓄水池（在内壁抹混凝土，并用水池防水漆覆盖），亦可使用石头花槽或金属水箱。

第3步
将水泵置于蓄水池中，将缆线和水管穿过洞，然后在墙上计划安装壁饰处再钻一个洞。

第2步
在墙上钻孔，使之恰于蓄水池之上，大小需足够水管和水泵缆线穿过。

水泵功率

　　水源高度（水面到水源的垂直距离）和喷射高度越高，所需流速越快。若想计算水泵流速，可记录它填满已知容积的容器所需的时间——若需10分钟注满100升，流速即每分钟10升。

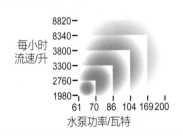

每小时流速/升

```
8820—
8340—
3800—
3300—
2760—
1980—
      61 70  86 104 169 200
```
水泵功率/瓦特

用电安全

• 在水泵和电源之间，请务必使用断路器，保护自己免受电击。

• 请务必检查所有电器（缆线和插座）是否适合户外使用。

• 即便在有断路器的情况下，也请勿在电源打开时将手放进水中。

烧烤

在露台上放烧烤架安全吗？

露台和烧烤架非常般配，在户外用餐是非常令人愉快的经验，在暖暖的夏夜，烧烤、啤酒，放松地坐在露台上，还有什么比这更惬意呢？如果你热衷烧烤，可以修筑固定的烧烤架。

烧烤架类型

固定式烧烤架

↗ 固定的砖砌烧烤架可成为很棒的露台特色，砌筑时请认真规划位置。

炭火烧烤架

↗ 火光和炭火烧烤架自有特别之处，这是野炊的感觉。

燃气烧烤架

↗ 如果觉得使用炭火烧烤架麻烦，可使用燃气烧烤架替代，无后顾之忧。

一次性烧烤架

↗ 若无法使用永久性固定装置或空间不够，一次性烧烤架就是不错的选择，还无须购买木炭。

最佳位置

如打算在露台上建烧烤架，请以保障安全为根本原则，仔细规划摆放位置。要考虑甲板、帘幕等位置进行规划。请测量烧烤架到桌子的距离，便于取放食物。还需考虑季风的方向，烧烤产生的烟会给邻居带来困扰吗？

选好位置后试着在所选位置摆放一张桌子，替代烧烤架，体验一下在座位和"烧烤架"之间来回走动的感觉如何。如需电源接电，请考虑怎样布线最安全。

冬季存储

便携式炭火、燃气和电力烧烤架以及砖砌烧烤架的托盘和架子，冬季皆需储藏在干燥、通风良好的工具棚或车库中。

收拾储藏物品前，先把托盘和烤架清理干净，根据说明书贮存气瓶、燃料和木炭。存放前，所有烧烤工具皆需清理干净。

砌筑砖块烧烤架

购买内含炭火盘、烤架和零部件的DIY烧烤架套装，根据套装说明确定需要多少标准尺寸的砖块，还需准备一袋砂浆混合物、木工水平尺、三角尺、卷尺、勾缝刀、塑料桶及约1m见方的木板。用粉笔标出烧烤架位置，并按照说明在木板上混合砂浆，用水润湿砖块。

第5步
等砂浆部分凝固后，用勾缝刀清理砂浆，并从所有接缝处刮出一些砂浆。

第4步
继续砌砖，直到合适的高度，然后在砂浆接缝处推入金属烤架等。

第3步
在第一层砖块上铺砂浆，再将第二层润湿的砖块砌上去。

第1步
扫除场地的废弃物，试摆第一层和第二层砖块，做到心中有数。

第2步
润湿砖块，铺上砂浆，将第一层砖块砌上去。请使用木工水平尺，检查是否横平竖直。

照明与供暖

太阳每天都会下山，但这不代表必须离开露台回屋。夜间也能享受露台空间，可将其打造成浪漫或富于戏剧性的休闲场所。从电灯、煤气灯，到蜡烛照明，你可以选择各种各样的照明设备。倘若冬日寒风凛冽，还可用上柴火或炭火炉、供暖设备等，让露台更舒适。

我怎样才能充分利用露台？

规划新露台的照明与供暖

寻求专业意见 如果从零开始建露台且确定需要照明电灯和取暖设备，请事先规划位置，建设所需管道、插座和支撑物。除非你十拿九稳，否则还是咨询专业人士，请他们提供建议并完成棘手工作。

照明选项

普通照明 从古老的街灯到光源由上或由下照射带来微妙效果的灯，选择丰富多彩。请避开耀眼的灯具，低电压灯具是保险的选择。

桌灯 桌灯旨在点亮用餐区域，小蜡烛灯笼灯光柔和，也适于烘托气氛。

灯光效果 照明设备也可用于打造有趣、激动人心的效果，聚会用灯、圣诞小彩灯、中国风灯笼或马车灯皆可考虑，聚光灯则可用于照亮植物或特色水景。

现代球形灯

美丽的蜡烛灯笼

露台取暖器

燃气和电暖都是便捷高效（要考虑供暖范围）的设备，不过带烟囱的传统的柴火炉子更富于生气。但火炉生火困难、烟雾缭绕，且需有人在场看护。除此之外，炉火的确是一种不错的选择。

普通照明

露台的普通照明与家中其他区域差不多，包含上方简洁的灯具或照亮某片空间的壁灯。

在露台上，我们需要一盏或多盏实用灯具。小壁灯就是不错的选择——它们相对便宜，也易于获取。若露台离房屋较远，且无围墙，请使用标准灯具或照树灯。

灯光效果

普通照明是为了点亮大片区域，但你也可以采用小灯具营造氛围或制造效果。有多种选择，一串串小彩灯、灯笼、半埋在地下的灯具、高科技太阳能灯具、地面射灯、香薰蜡烛等都可以发挥作用。

需注意两个安全问题：让孩子和燃烧的蜡烛单独在一起很不安全；强光频闪灯对弱视或偏头痛患者的健康不利。

桌面照明

如果你打算办一场露台晚宴，就需要选择照明设备。有许多电灯可供选择，但缺点之一是缆线不够美观，也容易把人绊倒，因此可以用各种灯笼、装有小圆蜡烛的彩色玻璃罐来装扮，忽闪的明暗光影看起来非常美。

用断路器自我保护

从安全角度考虑，所有庭院电器皆需安装接地故障断路器。这种设备十分便宜，且很有必要安装，如缆线意外受损，电源会立即断开。